深水半潜式平台横撑断裂理论研究

梁 政 王 飞 著

科学出版社

北 京

内 容 简 介

本书在对海洋环境载荷分析的基础上，以惯性矩等效和重量等效为依据，建立深水半潜式平台载荷与横撑载荷分析简化模型，得出深水半潜式平台横撑承载特点。在分析深水半潜式平台横撑承载特征、裂纹易发部位及裂纹类型的基础上，建立横撑断裂解析模型，导出横撑裂纹特征参数解析解，并利用 CTODc 和 CTOAc 作为裂纹起裂和扩展控制参数，求得考虑裂纹扩展的横撑承载极限。

本书可供从事深水半潜式平台设计与制造的研究人员参考，其分析研究方法可供从事深水半潜式平台载荷计算及横撑构件断裂失效分析的相关研究人员借鉴，亦可作为大专院校研究生的教材。

图书在版编目（CIP）数据

深水半潜式平台横撑断裂理论研究/梁政，王飞著. —北京：科学出版社，2016.2
  ISBN 978-7-03-047293-9

  Ⅰ. ①深⋯　Ⅱ. ①梁⋯ ②王⋯　Ⅲ. ①海上平台–断裂–研究
Ⅳ. ①TE951

中国版本图书馆 CIP 数据核字（2016）第 021096 号

责任编辑：杨 岭 罗 莉／责任校对：陈 靖 刘 勇
责任印制：余少力／封面设计：墨创文化

科 学 出 版 社 出版
北京东黄城根北街 16 号
邮政编码：100717
http://www.sciencep.com
四川煤田地质制图印刷厂 印刷
科学出版社发行　各地新华书店经销
*
2016 年 3 月第 一 版　开本：720×1000　1/16
2016 年 3 月第一次印刷　印张：9 3/4
字数：196 560
定价：79.00 元
（如有印装质量问题，我社负责调换）

前　言

随着油气资源需求的增加和陆地与浅水油气资源可采储量的降低，海底油气资源的开采向深水甚至超深水水域发展。随着水深的增加，传统的固定式与自升式海洋钻采平台由于自身重量和成本的大幅度增加已不能适应深水油气勘探开发的需求。

相比张力腿平台、Spar 等同样适用于深水的油气钻采平台，半潜式平台具有投资小、有更大的甲板空间和可变载荷、作业范围较广且无须海上安装等优点，半潜式平台已成为满足深水作业更佳的选择，各大石油公司和相关研究机构均投入了大量的资源进行新一代半潜式平台的研发与应用。

由于深水油气装备的高风险性，平台结构的安全性成为设计者考虑的首要问题。历次海洋平台严重事故统计表明，平台薄弱结构的断裂失效破坏是平台整体失效的主要因素之一。基于深水半潜式平台结构特点以及遭受到的复杂载荷，半潜式平台水平横撑成为平台最薄弱的结构之一。为快速、合理、准确地评价半潜式平台水平横撑结构存在裂纹损伤情况下的断裂特征及承载能力，科学制定平台使用、维修方案，对横撑裂纹进行有效控制以保证平台结构安全，系统开展含裂纹横撑的断裂力学性能研究具有重要意义。

本书是第一部系统研究深水半潜式平台横撑断裂理论方面的专著，依托国家 863 重大项目，针对深水半潜式平台在复杂海洋环境载荷作用下横撑构件承受的载荷情况以及横撑断裂理论进行了系统分析研究。本书的出版将填补深水半潜式平台关键结构断裂理论研究著作方面的空白。

本书在对新一代深水半潜式平台主要性能分析的基础上，以惯性矩等效和重量等效为依据建立计算模型，采用长期预报设计波法计算适合我国深水海域作业要求的深水半潜式平台承受的随机波浪载荷，并与深水水池模型试验测试数据对比，验证了模拟方法与计算结果的准确性，得出了深水半潜式平台横撑构件在海洋随机载荷下承受的载荷特征。

在对横撑裂纹特征及承受载荷分析的基础之上，利用半膜力理论和塑性模型建立了横撑与立柱连接部位的分析计算模型，导出水平横撑在拉伸与弯曲载荷作用下周向穿透裂纹的弹塑性解，得到裂纹截面弹塑性区域控制参数和裂纹尖端张开位移等横撑断裂特征参数的解析结果。并分别采用裂纹尖端张开位移和裂纹尖端张开角作为裂纹开裂和裂纹稳定扩展的控制参数，推导出横撑在外载荷作用下裂纹扩展的弹塑性解析结果。根据横撑裂纹扩展模型得到含周向穿透裂纹水平横撑在拉弯载荷作用下的极限承载能力的解析方法，分析了不同结构参数及材料性能参数对含裂纹横撑极限承载能力的影响。

本书第 1 章简要介绍了深水半潜式平台的特点、发展现状以及半潜式平台横撑断裂国内外研究概况，提出了研究深水半潜式平台横撑断裂理论的必要性。第 2 章介绍了深水半潜式平台承受的环境载荷及随机波浪统计分析理论。第 3 章对典型结构形式深水半潜式平台总体性能进行了分析，以惯性矩等效和重量等效为依据对半潜式平台进行简化建模，将简化模型在环境载荷作用下的运动响应与水池试验测试结果进行对比分析，验证了简化建模方法的可行性，并对深水半潜式平台典型载荷进行长期预报，得出海洋环境载荷作用下深水半潜式平台横撑承受的载荷特征。第 4 章通过对半潜式平台横撑断裂特征以及横撑承载特征进行综合分析，利用半膜力理论和裂纹截面塑性模型对横撑容易出现裂纹的部位建立数学模型，导出横撑在外载作用下裂纹截面的弹塑性解，并得到横撑裂纹截面特征参数的解析结果。第 5 章分别采用 CTODc 和 CTOAc 为作为裂纹开裂和裂纹稳定扩展的控制参数，导出横撑在外载作用下裂纹扩展的弹塑性解析解，并得出含裂纹横撑承载极限的解析方法，最后分析了不同结构参数及材料性能参数对含裂纹横撑极限承载能力的影响。

由于作者学识和相关验证试验条件的限制，理论研究结果还需进一步在应用实践中对比验证。对书中错误及不完善的地方，恳请读者批评指正，以推动海洋深水半潜式平台关键结构断裂理论研究及应用技术方面的发展。

本书的研究工作得到国家高技术研究发展计划（863 计划）"深水钻机与钻柱自动化处理关键技术研究"（课题编号：2012AA09A203）的资助。

目　　录

第1章 绪 论

1.1 研究背景和意义

1.1.1 海洋油气资源开发现状

随着世界经济的不断发展，人类社会对油气资源的需求不断上升。《BP 世界能源统计年鉴 2015》统计报告[1]表明石油天然气仍然是世界主要能源，2011 年全球石油消费增长 0.8%，占全球能源消费的 33.1%；天然气消费增长 2.2%，约占全球能源消费的 23.7%。根据《世界能源展望 2015》预测[2]，到 2035 年亚洲的能源进口依存度将升至 27%，其中石油增长比重占 60%，进口量占亚洲石油消费的 80% 以上，即亚洲石油进口量几乎相当于石油输出国组织（OPEC）目前的石油总产量，油气供给增长速度远远不能满足油气消费增长速度。

辽阔的海洋蕴藏着丰富的资源，其中油气资源的开发是海洋资源开发的重要组成部分。目前已探明的海洋石油储量 80% 以上在海洋深水区域，大量的海域油气资源还有待勘探。随着世界油气需求的增加，陆上及近海常规水深的开发已趋饱和，海底油气的开采逐渐向深水域和超深水域发展。

为满足日益增长的能源需求，世界先进国家都将油气资源开发的重点投向了深海，海洋深水区将成为重要的油气新增量来源。近 10 年来全球发现的大型油气田中，海洋占 60% 以上，而其中 70% 在深水。预计到 2020 年海上石油产量占比将会提升到 34%，其中深海占比 13%。截至目前，墨西哥湾、巴西等深水区域油气产量已经超过浅水海域。

我国对外能源依赖度日益增加，能源安全形势严峻，随着经济的快速发展，对能源的需求也迅速增长，已成为仅次于美国的世界第二大石油消费国。预计到 2035 年我国油气消费将达到 1800 万桶/日，超过美国的需求；不断提高的能源对外依存度正成为我国能源安全一个不可忽视的重要问题。

我国海上原油产量从 2006 年 2951 万吨增长到 2014 年的 6868 万吨，增量达 3917 万吨，占全国总新增产量的 60% 左右，表明海上石油已成为我国石油产量新增量的主要来源。我国海洋权属区油气资源蕴藏丰富，尤其南海是世界公认的"三湾、两湖、两海"大油气区之一，预测石油储量为 $230 \times 10^9 \sim 300 \times 10^9 \mathrm{t}$，天然气 $16 \times 10^{13} \mathrm{m}^3$，占我国油气总资源量的三分之一左右，其中 70% 蕴藏于深海区域。

1.1.2 海工装备发展现状

深水油气资源开发，设备先行，促进了深水油气资源开发重大装备的迅速发展。随着新技术、新材料的不断开发应用，勘探开发成本逐年减低，油田建设周期也不断缩短，使得项目的经济效益显著提高，进一步促进了深海石油开发的发展。

目前全球主要海洋工程装备建造商集中在新加坡、韩国、美国及欧洲等国家和地区；钻井设备和采油设备的生产商大多数都是日本、韩国、新加坡的船企；设备设计商主要是美国、挪威、荷兰的一些企业；承包商主要是美国[1, 2]的相关企业。目前世界海洋工程装备产业总体竞争格局如图 1-1 和图 1-2 所示。

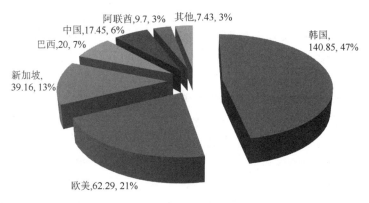

图 1-1　世界海工装备主要生产国家（单位：亿美元）

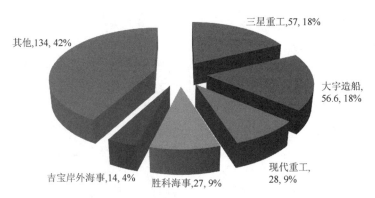

图 1-2　世界海工装备主要生产企业（单位：亿美元）

受之前我国自身装备技术所限，虽然我国对水深小于 300m 的浅海油气田的开发技术已处于世界先进水平，目前在南海北部 $20×10^4 km^2$ 内开展工作，生产油气 2000 万吨油当量[3, 4]，但在大于 300m 的深水、超深水领域尚处于起步阶段。特别是南海海域自然环境恶劣，开发技术难度大、成本高以及多处于争议地区，南海深水区的油气开发还处于空白。

随着经济的发展，我国对南海领海主权重视程度日益提高，近年来国家出台了一系列海工装备支持政策，如表 1-1 所示。

表 1-1　我国近期海工装备支持政策

时间	政策规划	主要内容
2009.6	《船舶工业调整和振兴规划（2009—2011）》	规划到 2011 年海洋工程装备市场占有率达到 10%，若干个专业化海洋工程装备制造基地初具规模，海洋工程装备开发取得突破。加大技术改造力度，加强关键技术和新产品的研究开发，提高船用配套设备水平，发展海洋工程装备，培育新的经济增长点，为建设造船强国和实施海洋战略奠定坚实基础
2011.3	《关于加快培育和发展战略性新兴产业的决定》	明确指出，面向海洋资源，大力发展海洋工程装备
2012.3	《海洋工程装备制造业中长期发展规划》	重点打造环渤海地区、长三角地区、珠三角地区三个产业集聚区，培育 5～6 个具有国际影响力的海工装备总承包商和一批专业化分包商。2015 年，年销售收入达到 2000 亿元以上，工业增加值率较"十一五"末提高 3 个百分点，其中海洋油气开发装备国际市场份额达到 20%；2020 年，年销售收入达到 4000 亿元以上，工业增加值率再提高 3 个百分点，其中海洋油气开发装备国际市场份额达到 35%以上
2012.5	《高端装备制造业"十二五"发展规划》	面向国内外海洋资源开发的重大需求，以提高国际竞争力为核心，重点突破 3000m 深水装备的关键技术，大力发展以海洋油气为代表的海洋矿产资源开发装备
2012.8	《海洋工程装备产业创新发展战略（2011—2020）》	为增强海洋工程装备产业的创新能力和国际竞争力，推动海洋资源开发和海洋工程装备产业创新、持续、协调发展指明了方向
2012.8	《海洋工程装备科研项目指南（2012 年）》	围绕海洋资源勘探、开采、储运和服务四大环节形成了 18 个 2012 年海洋工程装备研发的重点方向。在海洋资源勘探、开采、作业装备领域，明确了深海半潜式生产平台总体设计关键技术研究、LNG-FPSO 总体设计关键技术研究、深海半潜式支持平台研发、LNG-FSRU 总体设计关键技术研究、海上油田环保作业船研发等 5 个研发重点方向

近几年，中国海洋石油总公司开放招标的中国海域区域基本上都位于南海，特别是 2011 年开始出现了深海海域的区域招标，加上"十一五"期间投入 150 亿元打造的包括"海洋石油 981"超深水钻井平台、"海洋石油 708"深水工程勘探船、"海洋石油 201" 3000m 级深水铺管起重船、"海洋石油 720"十二缆深水物探船等的"深水舰队"陆续投入作业（如图 1-3 所示），表明我国向深海石油开发已迈出了实质性的一步。

海洋石油981

海洋石油708

海洋石油201

海洋石油720

图 1-3　海洋石油代表性"深水舰队"

可以预见，我国深海油气开发技术及配套海工装备将会得到极大的发展，同时深海油气资源开发必将成为未来我国海洋石油开发的主战场，这对保证我国经济的可持续发展具有重要的战略意义。

1.2　半潜式平台的特点和发展现状

1.2.1　主要深水油气钻采平台

1887 年，H. L. Williams 在加利福尼亚州圣巴巴拉海岸完成了第一口井，从而拉开了人类开发海洋石油的序幕，至今已有一个多世纪。在海洋资源勘探开发的进程中，各国已研制了多种多样的海洋油气装备，如图 1-4 所示。

随着海洋石油钻采水深的增加，传统的导管架和重力式等平台由于自重和成本的大幅度增大而不适合深水开发，适合于深海作业的钻采生产系统成为研究的热点。近几十年来，由于墨西哥湾、巴西、西非、北海等深水油气的不断开发，涌现出多种适合于深海油气钻采生产的平台形式：张力腿平台、Spar、半潜式平台等，如图 1-5 所示。

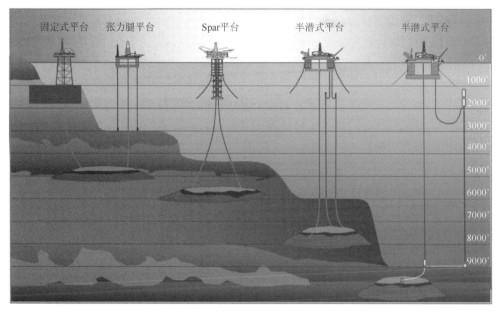

图 1-4　海洋油气钻采平台类型

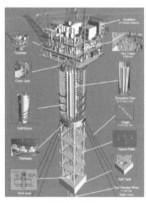

(a) 张力腿平台　　　　　　(b) Spar平台　　　　　　(c) 半潜式平台

图 1-5　张力腿平台、Spar 平台、半潜式平台

　　张力腿平台依据船体的浮力使张力腿始终处于伸张状态，由于张力腿的刚性作用使平台位移很小，特别是偏移和触底很小。但由于张力腿平台可变载荷小，在水深增大时，张力筋腱重量的增加将限制平台的大小，使其成本急剧增大。

　　Spar 平台具有较大的可变载荷，可将立管等钻井设备布置在壳体内部，能够形成有效的保护作用。但由于需要大型海上吊装船在平台现场安装上部模块，费用较高，不适用于边际油田的开采。Spar 平台的设计和制造领域都具有很强的垄断性，目前具有 Spar 平台设计制造能力的公司大多在美国。

半潜式平台由立柱提供工作所需的稳性。半潜式平台水线面很小，这使得它具有较大的固有周期，不大可能和波谱的主要成分波发生共振，可达到减小运动响应的目的；它的浮体位于水面以下的深处，大大减小了波浪作用力，当波长和平台长度处于某些比值时，立柱和浮体上的波浪作用力能互相抵消，从而使作用在平台上的作用力很小，理论上甚至可以等于零。由于其优良的运动性能，半潜式平台自出现以来得到了广泛的应用，经过几十年的实践和发展，在设计建造、安全作业、海上定位、维护改造方面积累了丰富的经验，随着油气开发向深海进军、水下技术的进步，以及更适合超深水作业的湿采油树的成熟应用，半潜式平台进入了新的发展期。

选择何种平台形式，需要综合考虑成本、工作能力和安全性的要求，以及作业水域的影响。与张力腿平台和 Spar 平台相比，半潜式平台具有相对总投资小（在作业水深超过 800m 后，张力腿平台和 Spar 平台的投资成本随平台适应水深大幅度提升），更大的甲板空间和甲板可变载荷，更强的生产能力，更大的工作水深范围，易于改造并具备钻井、修井、生产等多种功能，无须海上安装，全球全天候的工作能力和自存能力等优点。综合考虑投资成本、工作水深范围、井口数目、服务年限和工作地域等因素，半潜式平台将是更佳的选择。

1.2.2 半潜式平台的发展

在 20 世纪 60 年代，全球共建造了大约 30 座半潜式钻井平台，目前这部分平台基本上都已退役。随后半潜式钻井平台的数量经历了两次跳跃式的发展，70 年代建造了 74 座，主要集中在 1975～1977 年，3 年共建了 41 座；80 年代共建造了 76 座，其中仅 1982～1984 年就新建了 48 座；90 年代后平台数量增长缓慢，主要原因是当时对部分即将退役的平台实施技术改造后重新投入使用市场，缓解了市场的需求。

进入 21 世纪后，随着石油天然气需求的提升，作业者大规模开发深海油气的愿望更为强烈，引发了对新一代深海开采装置的更大需求，从而使得半潜式钻井平台的数量出现了新的增长点。

可以预见，在今后 5～10 年，这种增长趋势不会减弱。世界上半潜式平台的投入资金已经和 20 年前的黄金时代基本持平；半潜式平台朝着深海、高科技含量、高附加值的方向发展，进入了新的发展阶段，正处于深海半潜式平台研究和制造的又一个黄金时代[3, 4]。另外，从半潜式平台的利用率来看，最近几年一直维持在比较高的水平，特别是自 2011 年以来，平台的使用率在 80%以上，最高时期达 92.5%，这也从另一个角度反映了市场对半潜式平台的极大需求。

从第一座半潜式钻井平台的诞生至今近半个世纪的时间里，半潜式钻井平台的发展经历了多次技术改造和革新。半潜式钻井平台发展历程及各阶段技术特点如表 1-2 所示。

表1-2　半潜式平台代际划分及技术特点

代际	设计者	典型平台（数量）	作业水深/m	定位方式	钻井深度/m	大钩载荷/t	特点
一	ODECO ODECO SEDCO	Ocean Driller (2) Ocean Queen (5) SEDCO 135 (12)	100~200	锚泊	—	—	浮体一般为水平圆柱体，多为桁架结构，撑杆和横撑较多，形状多样
二	Forex Neptune &IFP ODECO SEDCO Aker Fride&Goldman Korkut Engineers	Pentagone (11) Ocean Victory (11) SEDCO 700 (11) Aker H-3 (37) L-900 Pacesetter (5) New Era (6)	200~600	锚泊	约7500	—	结构比较繁杂，设备操作自动化程度低，这一代的平台很多被升级为第四、五代平台。
三	ODECO Aker Fride&Goldman	Odyssey (5) Aker H4.2 (2) Enhanced Pacesetter (33)	450~1500	锚泊	7500~9000	约450	新增两个下浮体，横撑连接，上部结构比较复杂，在作业水深方面有很大的改进，这一代平台大多数为新建平台
四	Diamond Offshore Atwood Oceanic Noble Drilling	Ocean Victory Upgrade (3) New Era Upgrade (3) EVA-4000 Conversion (4)	1000~1500	锚泊+动力定位，锚泊为主	7500~9700	约585	多为老龄化平台升级而来，升级后在大钩载荷，设备容量和系泊能力方面有大有改观，多采用动力定位，一些还辅助有动力定位
五	Transocean Noble Drilling Smedvig Diamond Offshore Ocean Rig ASA SEDCO Forex	R&B Falcon (2) EVA-4000 Conversion (1) Smedivig ME 5000 (1) Ocean Victory Upgrade (2) Bingo 9000 (2) Express Class (3)	1500~3048	锚泊+动力定位，动力定位为主	9000~11250	约720	自动化钻井控制系统，良好的船体安全性和抗风波能力，能适应更加恶劣的海洋环境。采用高强度钢和优良的设计，可变载荷和甲板空间增大，外形结构简单
六	GVA Consultant Moss Maritime Aker Frigstad	Seadrill (4) West E-drill (2) Aker H6e (2) Frigstad Oslo (3)	3048~	锚泊+动力定位，动力定位为主	9000~12000	约900	采用多功能设计，大量应用高强度轻质材料，结构更复杂，人员数量减少，造价昂贵，适用于超深水海域

目前，第五、六代半潜式平台大都具有在水深 1500m 以上水域工作的能力，配备甲板大吊机，采用动力定位系统，结构设计条件高，抗风暴能力强。在结构形式上，新一代的半潜式平台趋于大型化和简单化。平台的主尺度增大，立柱浮体和主甲板间的内部空间增大，物资（水泥、黏土粉、重晶石粉、钻井泥浆、钻井水、饮用水和燃油等）存储能力增强。平台外形结构趋于简化，下浮体趋向采用简单的方形截面，平台甲板也为规则的箱形结构；采用少节点的简单外形结构，立柱和撑杆、节点形式简化、数目减少，这些改变都大大降低了节点疲劳破坏风险及建造费用。

我国海洋工程开发事业起步较晚，在半潜式平台的应用和开发领域与国外相比明显滞后。直到 1984 年，才出现了第一座自主研发建造的半潜式钻井平台"勘探三号"，并成功地用于东海油气田的勘探开发，达到了当时国际同类型半潜式钻井平台的水平；但在随后相当长的一段时间里，半潜式平台的研制工作一直处于停顿状态。近年来，随着人们海洋意识的不断提高，国家对海洋工程领域投资逐年增加，一些国内船厂和设计单位开始涉猎半潜式平台领域，并取得了令人瞩目的成果。

1999 年，大连造船新厂在国内率先进入半潜式平台制造领域，先后建成了 4 座 BinGo9000 系列第五代半潜式平台，并于 2006 年 6 月，启动了国内首座作业水深 3050m 的半潜自定位式深海浮动钻井平台建造项目；2000 年，上海中港装备工程有限公司完成了新一代半潜式转载平台的总包建造；2006 年 4 月，烟台莱福士船业有限公司顺利完成了"布里斯托利号"半潜式生活平台的改装，并承接了 Frigstadiscoverer 公司的第 6 代超深水半潜式钻井平台 Frigstad0510 号的建造工作；2006 年 7 月中远船务舟山分公司完成了对"勘探三号"的维修改造；上海船厂也在崇明建造了大型船坞，为建造第六代半潜式平台做准备。

在研究开发领域，大连理工大学与大连造船新厂合作，于 2001 年完成了 BinGo9000 型半潜式钻井平台主体结构优化设计研究；中国船舶工业集团公司第七〇八所与上海外高桥造船有限公司共同承担并完成了第六代智能型深海钻井平台"海洋石油 981"的设计与建造，其最大钻井深度达 9000m，最大工作水深达 3000m，可变载荷达 10000t 以上，适用于全球海域，可承受百年一遇的恶劣海况，并配备了大功率的主动力系统和高精度的 DP-3 动力定位系统，具有平台钻井、修井、采油及生产处理等多种功能。该平台具有国际领先水平，为我国设计及建造深、远海油气平台奠定了良好的技术基础。目前，中国船级社（CCS）也开始着手对海洋平台领域的开发研究工作，准备制定详细的海洋平台设计建造规范。

总的看来，我国深海平台技术的研究尚处于初步阶段，与世界先进水平相比有一定差距，这与最近几年国际深海平台创新概念与技术飞速发展的局面形成巨大反差，成为与国外海洋工程技术水平的主要差距之一。意识到这种不利局面以及海洋工程向深海发展的必然趋势，国内海洋工程界也掀起了对深海领域问题研究的热潮，在世界各国对人类共同拥有的深海资源激烈竞争的形势下，促进我国海洋工程的科技进步，振兴我国民族工业，增强国际竞争力。由于深海平台是高技术、高性能、高附加值的装备，其自主研究开发必将推动高新技术的发展，带来巨大的经济效益和社会效益。

为适应水深 3000～6000m（占海洋总面积 73.83%）海域的油气开发，研发深水海洋石油钻井采油装备，已成为国际竞争的重要一环，也是今后较长时间的必然发展趋势。

1.2.3 半潜式平台破坏事故

由于半潜式平台具有移动性能良好、工作水深范围大、抗风浪能力强、甲板空间大、储存能力强及可变载荷高等明显优势，已成为海洋油气开发的主要平台。但半潜式平台作业时一直漂浮于水面，只是依靠锚泊设备或动力定位系统保持在一定的移动范围内，始终处于运动状态之中，结构受力十分复杂，平台一旦发生事故后果不堪设想。

基于对巨大的经济投入、海上作业人员安全及平台破坏可能带来巨大环境灾害等因素的考虑，深水半潜式平台的可靠性要求极高，几乎不容有失。尽管如此，在世界石油工业史上还是发生了许多由海洋平台失效而带来的巨大灾难，并造成了重大的损失和不良社会影响[5, 6]，其中比较典型的事故如表 1-3 所示。

表 1-3 海洋石油开发史上较为严重的平台事故

事发时间	事发海域	事发平台	事故原因及后果
1965.12.27	欧洲北海	Sea Gem	平台支柱连接处开裂，平台倾覆沉没，13 人罹难
1966.01.12	西太平洋	Sedco	水平撑杆与桩腿结合部位断裂，整个平台沉没
1979.11.25	中国渤海湾	渤海二号平台	拖航时没有打捞落在沉垫舱上的潜水泵，72 人罹难
1980.03.27	欧洲北海	Alexander Keilland	撑杆断裂，导致平台破坏而倾覆沉没，123 人罹难
1982.01.14	加拿大纽芬兰岛	Sea Quest 半潜式平台	巨浪冲毁压载控制室，导致平台沉没，84 人罹难
1983.10.25	中国南海莺歌海海域	爪哇海号钻井平台	遭遇暴风袭击导致船体开裂，平台倾覆沉没，81 人罹难
1988.07.06	欧洲北海	Piper Alpha	天然气泄漏发生爆炸，平台倾覆沉没，167 人罹难，损失达 20 亿美元
2001.03.15	巴西坎普斯湾	P-36	平台主甲板下支柱内发生爆炸，平台完全沉没，约 150 万升原油入海，11 人罹难
2005.07.27	印度西岸外海	BHN 号	恶劣工况中两平台发生碰撞，平台全毁，22 人罹难
2010.04.20	美国墨西哥湾	Deep Horizon	平台发生爆炸引发大火，沉入墨西哥湾，超过 400 万桶原油流入墨西哥湾，11 人罹难
2011.12.18	俄罗斯鄂霍次克海域	科拉号钻井平台	暴风雪侵袭，船体裂缝破坏引起平台沉没，4 人罹难，49 人失踪

1980 年 3 月 27 日，挪威发生了其石油工业史上最严重的一次事故，半潜式海洋平台 Alexander Keilland 由于一根浮体间的关键支撑柱疲劳破坏，导致一系列相邻结构的失效，在短短 20 分钟内该平台就倾覆入水，如图 1-6（a）所示。这次事故给挪威造成了难以估量的财产损失，并有 123 人在此次事故中罹难。

1982 年 2 月 14 日，当时世界上最大的半潜式海洋平台 Sea Quest 在加拿大的纽芬兰岛沉没。此平台是当时世界上最先进的浮式平台，可以适应其他平台所不能够应对的恶劣环境，号称永不沉没。但在遭遇到极端恶劣的海域环境（浪高达 30m，风速接近 90 节）后，由于结构破坏、舱室进水导致最后倾覆，平台上工作的 84 人全部罹难，如图 1-6（b）所示。

2001 年 3 月 15 日，巴西当时最大的半潜式海洋石油开采平台 P-36 发生爆炸，11 人在爆炸中失去生命，平台于事发 5 天后倾覆沉入海底，这距平台投入开采工作不到一年。事故的主要原因是由于该平台尾部右舷处的支撑立柱中的紧急排泄舱（emergency drain tank）破裂，导致许多关联结构和设施失效，大量的水、石油和天然气涌入该立柱内，最后发生爆炸和火灾事故，致使平台整体结构破坏后倾覆，如图 1-6（c）所示。

2010 年 4 月 20 日，英国石油公司（BP）在墨西哥湾作业的半潜式海洋平台——Deep Horizon 发生爆炸，平台在燃烧几天后沉入海底，如图 1-6（d）所示。最为严重的是大量原油源源不断地从海底涌出，形成了一条长 100 多千米的石油污染带，对当地的海洋生态环境造成了巨大的伤害，这是人类史上最严重的一次石油泄漏事故，由此带来的经济损失和社会代价都是空前的。

半潜式平台属于立柱式支撑平台，一般具有多根撑杆构件，立柱和撑杆起连接工作甲板和浮体、立柱与立柱和立柱与甲板的作用。半潜式平台容易遭到宏观破坏的就是立柱和撑杆结构，立柱在服役过程中容易受到海浪砰击和船舶的撞击作用，而尺度较小的撑杆则更容易发生破坏失效。

撑杆是维系结构安全的重要构件，单根撑杆的失效往往会导致其他撑杆的连续失效，从而威胁到平台的整体安全（如 Alexander Kielland 半潜式平台失事事故）。自海洋平台结构兴起的短短几十年间，由于支撑导管出现疲劳断裂而引起的破坏事故已发生多起。

(a) Alexander Keilland

(b) Sea Quest

(c) P-36

(d) Deep Horizon

图 1-6 典型半潜式平台事故

1965 年 Sea Gem 正值准备移位之际，突然发生破坏而倾覆沉没，13 人罹难，事后检验证明主要是由于平台支柱贴角焊缝疲劳开裂所致。

1966~1967 年，Sedco 半潜式钻井平台，在尾部直径 2.75m 的水平撑管节点（135-B、-C、-E、-F）均发生了不同程度的疲劳断裂破坏，给平台的正常作业带来严重的影响。

Sea Quest 在北海仅经过 89 天的作业，就发现了长达 700mm 的疲劳裂纹，其破坏也是始于节点焊缝附近高应力集中区的裂纹源。

我国 1969 年渤海 2 号平台的倒塌，正是由于焊口原始缺陷引起的低温脆性断裂所致；从事故原因的分析中发现，平台垮塌经历了焊缝裂纹—裂纹扩展—焊缝开裂—部分杆件退出工作，导致应力集中、主导管发生脆性断裂的过程。

较为典型的事故是 1980 年半潜式平台 Alexander Keilland 在英国北海爱科菲斯科油田发生倾覆，如图 1-7 所示。事后调查分析是由于平台支承腿的一根横撑（D-6）与声纳法兰焊接处疲劳裂纹萌生、扩展，致使横撑迅速断裂；由于横撑（D-6）断

(a) Alexander Keilland 失事前

(b) Alexander Keilland 失事后

图 1-7 Alexander Keilland 平台失事前后照片

裂致使相邻五根撑管因过载而破坏，接着所支撑的承重腿柱破坏，整个平台失去平衡，20 分钟内倾覆，造成巨大经济损失，如图 1-8～图 1-10 所示。

　　上述例子均表明，半潜式平台中的撑杆构件对于平台整体而言相对较小，但是由于其分担了以水平分离力为主的外部载荷，当撑杆构件出现裂纹破坏失效后必然给整个平台带来严重的安全隐患。

　　Alexander Keilland 平台倾覆事故的调查报告还表明，D-6 横撑在最终断裂之前，裂纹已扩展到横撑圆周长度的 2/3 左右。因此发现裂纹之后，是来得及检测

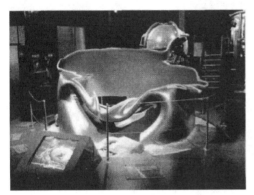

图 1-8　Alexander Keilland 横撑断裂实物图

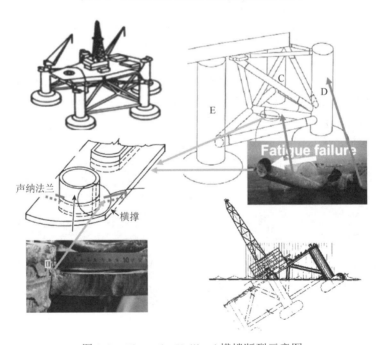

图 1-9　Alexander Keilland 横撑断裂示意图

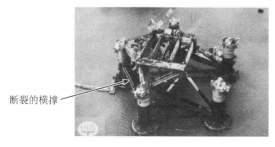 

断裂的横撑

图 1-10　导致 Alexander Keilland 平台失事倾覆的横撑

并及时作出响应处理的。换句话说，当检测出平台结构系统中存在裂纹损伤后，如何快速合理地判断这些裂纹损伤的安全度，准确地评估结构的残余寿命，科学地制定保护维修方案，有效地进行裂纹控制，最大限度地发挥结构整体潜能，充分延长平台的服役年限，是一个重要的课题。

海洋平台安全寿命评估主要包括：疲劳载荷的确定、平台结构自身在各种条件下的力学特性研究以及风险评估与检修准则的制定等。在安全性得到保障的前提下，要达到节约投资、提高经济效益的目的，其关键是：

（1）快速、合理、准确地计算结构中裂纹的相关断裂参数，作为评价结构承载能力的基础。其中，对横撑这类"小尺寸构件"中的各种形态裂纹的相关断裂参数的计算最为关键。

（2）快速、合理、准确地评价含裂纹损伤结构系统的整体承载能力。

1.3　半潜式平台横撑断裂研究进展

调研发现，目前还没有专门针对半潜式平台横撑结构断裂特性研究的相关报道。根据半潜式横撑结构几何特征，可将其归纳为圆柱壳的范畴；根据裂纹形态可以分为穿透裂纹和未穿透裂纹。关于含穿透裂纹圆柱壳的力学问题一直是众多国内外学者的研究重点。

Copley[7]给出了含周向穿透裂纹的圆柱壳在受拉伸和弯曲作用下的线弹性解；Folias[8]对含周向穿透裂纹的圆柱壳进行了研究，导出了受内压作用下的线弹性解；Duncan 和 Sanders[9]发表了含周向穿透裂纹圆柱壳在拉伸载荷作用下的解析解；Erdogan 和 Delale[10, 11]也对该问题进行了更深入的研究。这些早期的研究成果很多已成为经典理论，被收录于各种应力强度因子手册中[12, 13]。但这些研究都是针对较短裂纹，基于扁壳理论，其结果表现为积分方程组的求解。

随着有限单元法的发展，人们开始借助有限元数值计算研究裂纹问题[14, 15]。Barsoum[16]利用四分之一分点奇异单元分析了圆柱壳中的穿透裂纹，考虑了裂纹尖端横向剪切应变的影响，研究结果表明，对于较长的裂纹，基于扁壳理论的结果已不适用；Sanders[17, 18]从薄壳半膜力理论入手，导出了适用于较长裂纹的线弹性解，研究中利用与路径无关的积分计算能量释放率，从而成功地避开了裂纹尖端奇异性的讨论，同时对于较短裂纹，其解仍然适用，误差约在 1%的范围内；Alabi[19, 20]在 Sanders 的理论体系下，导出了周向穿透裂纹位于固定端的圆柱壳解析解；Artem 和 Kaman[21, 22]也在相应研究中计及了固定边界的影响，wang[23]也做了类似的研究。

对于大量韧性较好的材料，当结构中出现裂纹或裂纹扩展之前，裂纹尖端已存在着大范围的塑性区域；屈服区的存在将改变裂纹尖端区域应力场的性质，此时线弹性断裂力学的理论已不再适用。

随着弹塑性断裂力学的发展，尤其在 20 世纪 80 年代，人们对核工业中沸水堆管路系统中裂纹损伤问题的关注，使得含裂纹圆柱壳的弹塑性断裂问题成为那个时期的研究热点，国外的学者们发表了大量研究成果。如在研究弹塑性断裂问题上存在着取 J 积分[24]或取裂纹尖端张开位移[25]作为断裂参数的两种意见一样，国内外学者在研究前述问题时，也采取了这两种不同的切入角度。

较有影响的研究是在 1980 年，Tada[26, 27]利用 J 积分和撕裂模量分别作为控制裂纹起裂和扩展的断裂参数，研究了圆柱壳中穿透裂纹扩展的稳定性问题；Ranta[28]和 Zahoor[29, 30]在此基础上进行了系列深入研究，关于 J 积分的计算均是来源于实验方法测定，同时均采用 J_R 阻力曲线表征材料抵抗裂纹扩展的能力。但 Smith 认为，J_R 阻力曲线除与材料性能有关外，还与初始裂纹长度、试件的几何尺寸和加载方式有关[31, 32]，他利用裂纹尖端张开角扩展准则对圆柱壳中周向穿透裂纹扩展的稳定性问题进行了系列的理论研究，但他的研究均基于裂纹截面处于全屈服状态的假设。

无论是前述 Tada、Ranta、Zahoor、还是 Smith 等的研究，均是出于工程应用的考虑，将圆柱壳作为梁来处理，从而避开了求解复杂的圆柱壳方程。换句话说，这些研究并没有从本质上将裂纹放在圆柱壳的理论体系下进行讨论，因而圆柱壳特殊的几何形状对裂纹尖端塑性区的影响、裂纹尖端塑性区域的演变过程以及塑性区对圆柱壳应力应变场的影响等方面的问题均无法考虑。

1987 年，Sanders 结合 Dugdale 模型[33, 34]，导出了受弯曲载荷作用、含周向穿透裂纹的圆柱壳在简支边界条件下的弹塑性解；随后，他进一步假设在裂纹稳定扩展的过程中裂纹尖端形状保持不变，提出了基于 Dugdale 模型的弹塑性裂纹扩展模型，并运用这一模型导出了处理裂纹稳定扩展的弹塑性解[35]。同时，基于实验结果和有限元数值分析[36]，对周向穿透裂纹圆柱壳韧性断裂时裂纹起裂及裂纹扩展的断裂参数进行了研究，结果表明裂纹尖端张开位移（crack-tip opening displacement，CTOD）和裂纹尖端张开角（crack-tip opening angle，CTOA）均表现出较好的适用性。

1.4　本书主要研究工作

尽管国内外学者们对深水半潜式平台结构安全性的研究取得了大量的成果，但在这一领域，尤其是在半潜式平台在复杂环境载荷作用下平台撑杆结构断裂破坏失效极易导致平台整体失效的背景下，依然存在着许多充满挑战的研究课题。

根据平台撑杆结构实际断裂情况，快速、合理、准确地计算撑杆断裂参数以及承载能力，对平台设计与使用者具有实际的指导意义。因此，无论是从完善理论体系或者是从本质上把握问题的规律，还是方便现场工程技术人员根据实际情况制定合理措施方面考虑，深水半潜式平台撑杆结构断裂失效理论解析研究都具有不可替代的作用。

本书针对深水半潜式平台结构形式以及平台在环境载荷作用下水平横撑断裂特征进行分析，主要包括以下几个方面的内容：

（1）在分析深水新一代半潜式平台结构形式的基础上，对新一代半潜式平台几种典型结构形式进行初步设计，结合我国深水海域特别是南海水域实际情况，对比分析不同结构形式深水半潜式平台的运动性能、大倾角稳定性能、拖航性能以及建造成本等，提出适合我国深水海域作业要求的深水半潜式平台结构形式。

（2）基于深水半潜式平台承受环境载荷情况，采用长期预报设计波法，计算深水半潜式平台承受的复杂随机波浪载荷。在保证平台载荷计算精度的前提下，以惯性矩等效和重量等效为依据建立深水半潜式平台分析计算模型，利用水池模型试验数据对简化数值模型进行验证，得出半潜式平台在环境载荷作用下的典型载荷。

（3）在对半潜式平台水平横撑断裂损伤特征进行分析的基础之上，利用半膜力理论和 Dugdale 模型建立了平台横撑与立柱连接部位的分析计算模型，推导出水平横撑在拉伸与弯曲载荷作用下周向穿透裂纹的弹塑性解，得到裂纹截面弹塑性区域控制参数和 CTOD 等横撑断裂特征参数的解析结果。

（4）分别采用 CTOD 和 CTOA 作为裂纹开裂和裂纹稳定扩展的控制参数，推导得出横撑在拉伸与弯曲载荷作用下裂纹扩展的弹塑性解析结果。

（5）根据横撑裂纹扩展模型，得到含周向穿透裂纹水平横撑在拉弯载荷作用下的极限承载能力的解析方法，分析了不同结构及材料性能参数对含裂纹横撑极限承载能力的影响。

第2章 环境载荷及水动力分析基本理论

2.1 平台运动坐标系

海洋浮式平台在环境载荷作用下会产生非常复杂的运动，为了描述海洋浮式平台在水面的运动，需要建立两个坐标系，即随体坐标系 $G\text{-}x'y'z'$ 和大地坐标系 $O\text{-}xyz$，如图 2-1 所示。

随体坐标系 $G\text{-}x'y'z'$，以平台重心 G 为原点与结构物固结的直角坐标系，始终随结构物一起运动。当结构物处于平衡位置时，$G\text{-}x'y'z'$ 平面与静水面重合，Gz 轴垂直向上，与结构物中心轴重合。大地坐标系 $O\text{-}xyz$ 是固定在地球上的直角坐标系，xy 平面与静水面重合。

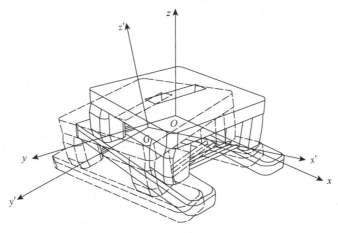

图 2-1 半潜式平台中的随体坐标系 $G\text{-}x'y'z'$ 和大地坐标系 $O\text{-}xyz$

当海洋浮式平台处于运动的初始时刻，随体坐标系 $G\text{-}x'y'z'$ 和大地坐标系 $O\text{-}xyz$ 重合，在运动的任意时刻，浮式平台的运动可以分解为沿大地坐标系 $O\text{-}xyz$ 三个坐标轴的直线运动和绕随体坐标系 $G\text{-}x'y'z'$ 三个坐标轴的转动。

如图 2-2 所示，以大地坐标系 $O\text{-}xyz$ 为基准的直线运动可以分为沿 Ox 轴前进或后退的纵荡，沿 Oy 轴向左或向右直线运动的横荡，沿 Oz 轴上浮或下沉运动的垂荡；以随体坐标系 $G\text{-}x'y'z'$ 为基准的转动可以分为绕 Gx' 轴转动的横摇，绕 Gy' 轴转动的纵摇，绕 Gz' 轴转动的艏摇。在右手坐标系中，规定 x 轴指向海洋浮式平台艏向为正，y 轴指向海洋浮式平台左舷为正，z 轴垂直向上为正。

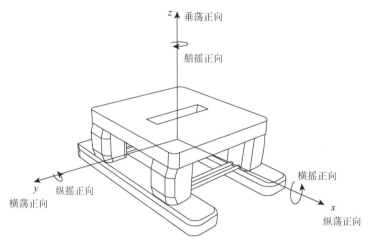

图 2-2　半潜式平台坐标系及运动方向

2.2　海洋环境载荷分析

2.2.1　波浪载荷

作用在平台结构上的波浪诱导载荷可分为三种：拖曳力、绕射力和惯性力。拖曳力是由于结构物造成水流扰动引起的；绕射力是由于考虑结构物的作用而使波浪发生绕射而引起；惯性力又分为由入射波压力场引起的作用力和由水的惯性引起的附加质量力。以上三种波浪诱导载荷分量对具体结构的重要性取决于结构的形式和尺度。

在海洋工程结构中，通常根据结构尺度的大小来决定选择哪种波浪载荷计算方法。对大尺度结构来说，波浪的惯性力和绕射力是最主要的分量；而对于小尺度结构，波浪的拖曳力和惯性力是主要的分量[37]。小尺度结构物的截面尺寸与波长相比非常小，物体引起的绕射作用可忽略不计。因此，对于半潜式平台来说，平台的浮体和立柱等大尺度结构采用频域内的三维势流理论计算波浪载荷；撑杆属于小尺度结构，采用 Morison 公式计算其波浪载荷。

1. 三维势流理论

半潜式平台水动力性能研究的方法主要有三种：基于 Morison 公式、基于二维势流理论和基于三维势流理论计算。近年来，国内很多学者也对半潜式平台波浪载荷计算方法进行了研究。对于半潜式平台这种大型结构物，三维方法理论上讲要比二维方法更为精确，但是三维问题在具体求解计算上还存在较大困难，尚无完整统一的计算方法。目前，各大船级社规范均要求半潜式平台的波浪载荷预报采用直接计算方法，其中波浪载荷预报推荐采用基于三维水动力理论的设计方法[38]。

在三维势流理论中，首先对流体作适当的合理简化，假定其为理想流体，无黏性、均匀、不可压缩，并且无旋；自由表面的波浪运动及结构物的运动是微幅的。因此，流体的控制方程为连续性方程和 NS 方程，简化为 Laplace 方程和 Lagrange 积分[39, 40]。

结构物在自由面上做摇荡运动时，流场中的一阶速度势 $\Phi(x, y, z, t)$ 的定解问题采用 Laplace 方程描述为[41]

$$\nabla^2 \Phi(x, y, z, t) = 0 \tag{2-1}$$

自由面条件：

$$\frac{\partial^2 \Phi}{\partial t^2} + g\frac{\partial \Phi}{\partial z} = 0 \tag{2-2}$$

物面条件：

$$\frac{\partial \Phi}{\partial n} = \dot{x}_j \tilde{n}_j \tag{2-3}$$

海底条件：

$$\left.\frac{\partial \Phi}{\partial n}\right|_{z=-H} = 0 \tag{2-4}$$

辐射条件：远离物体的自由面上有波外传。

其中，$\dot{x}_j$ 和 $\tilde{n}_j$——分别为物面运动的广义速度和物面上某点的广义法向矢量，下标 j 指上述矢量相应于第 j 个运动模态的分量。

由于假定了自由表面的波浪运动及结构物的运动是微幅的，因此可以认为速度势是线性的，上述 Laplace 方程和各个边界条件也均为线性。应用叠加原理，可将流场中总的速度势分解为入射波速度势、绕射势和辐射势。

$$\Phi(x, y, z, t) = \Phi^I(x, y, z, t) + \Phi^D(x, y, z, t) + \Phi^R(x, y, z, t) \tag{2-5}$$

式中，Φ^I——入射波速度势，为不计结构物存在对入射波流场影响的情况下得到的速度分布情况；

Φ^D——绕射势，为静止结构物存在于流场中时，对流场速度分布所产生的影响；

Φ^R——辐射势，为结构物的振荡对流场速度分布的影响；

(x, y, z, t)——p 点坐标。

同样，由于假定结构物在平衡位置周围作微幅简谐振荡，可将速度势分解为空间速度势和时间因子的乘积，这样便转化为定常的求解问题。

$$\Phi(x, y, z, t) = \text{Re}\{\phi(x, y, z)e^{-iwt}\} \tag{2-6}$$

式中，$\phi(x,y,z)$——空间速度势，仅与空间位置相关。

对于入射势、绕射势和辐射势相应有

$$\Phi^{\mathrm{I}}(x, \ y, \ z, \ t) = \mathrm{Re}\{\phi^{\mathrm{I}}(x, \ y, \ z)\mathrm{e}^{-\mathrm{i}wt}\} \tag{2-7}$$

$$\Phi^{\mathrm{D}}(x, \ y, \ z, \ t) = \mathrm{Re}\{\phi^{\mathrm{D}}(x, \ y, \ z)\mathrm{e}^{-\mathrm{i}wt}\} \tag{2-8}$$

$$\Phi^{\mathrm{R}}(x, \ y, \ z, \ t) = \mathrm{Re}\{\phi^{\mathrm{R}}(x, \ y, \ z)\mathrm{e}^{-\mathrm{i}wt}\} \tag{2-9}$$

分离出时间因子，则空间速度势也可表示为入射势、绕射势和辐射势的线性叠加：

$$\phi(x, \ y, \ z) = \phi^{\mathrm{I}}(x, \ y, \ z) + \phi^{\mathrm{D}}(x, \ y, \ z) + \phi^{\mathrm{R}}(x, \ y, \ z) \tag{2-10}$$

1）入射势

对于入射波速度势 $\phi^{\mathrm{I}}(x, \ y, \ z)$，可以根据选择一定的波浪理论来求解，如线性波理论（Airy 波理论），假定其为单一频率、单一方向的平面入射波速度势，则可由下式求出：

$$\phi^{\mathrm{I}} = -\frac{Ag}{\omega}\frac{\cos hk(z+h)}{\cos h(kh)}\exp[\mathrm{i}k(x\cos\beta + y\sin\beta)] \tag{2-11}$$

式中，A——波幅；

　　g——重力加速度；

　　h——水深；

　　k——波数；

　　β——波浪传播方向与 x 轴正方向的夹角。

波数 $k=2\pi/\lambda$，可以根据自由表面及水底的边界条件确定：

$$f = k\tan hkh \tag{2-12}$$

其中，λ——波长。

这一关系式称为色散关系，表示了波长与频率的关系。

2）绕射势

对于式（2-8）中定常部分的绕射势 $\phi^{\mathrm{D}}(x, \ y, \ z)$，可以根据流场内的控制 Laplace 方程，以及自由面、物面、海底和无穷远端的边界条件进行求解。

定解问题描述为：

在流场内控制方程：

$$\nabla^2\phi^{\mathrm{D}}(x, \ y, \ z) = 0 \tag{2-13}$$

自由面条件（在 $z=0$ 上）：

$$-\omega^2\phi^{\mathrm{D}} + g\frac{\partial\phi^{\mathrm{D}}}{\partial z} = 0 \tag{2-14}$$

物面条件：

$$\left.\frac{\partial\phi^{\mathrm{D}}}{\partial n}\right|_s = -\left.\frac{\partial\phi^{\mathrm{I}}}{\partial n}\right|_s \tag{2-15}$$

海底条件：

$$\frac{\partial \phi^{D}}{\partial n}\bigg|_{z=-H} = 0 \qquad (2\text{-}16)$$

辐射条件与无航速船舶辐射势的定解条件类似。

3）辐射势

式（2-8）中辐射势的定常部分 $\phi^{R}(x, y, z)$ 可以分解为 6 个运动模态上的分量来计算。

$$\phi^{R}(x, y, z) = -\mathrm{i}\omega \bar{x}_j \phi_j^{R}(x, y, z) \qquad (2\text{-}17)$$

其中，$j = 0, 1, 2, \cdots, 6$，$\bar{x}_j$——物体第 j 个运动模态的运动幅值；

$\phi^{R}(x, y, z)$——第 j 个模态的单位振幅运动引起的辐射势，称为规范化辐射势，其定解问题可写为

流场内控制方程：

$$\nabla^2 \phi^{R}(x, y, z) = 0 \qquad (2\text{-}18)$$

自由面条件（在 $z=0$ 上）：

$$\frac{\partial \phi_j^{R}}{\partial n} - f \phi_j^{R} = 0 \qquad (2\text{-}19)$$

物面条件：

$$\frac{\partial \phi_j^{R}}{\partial n}\bigg|_{S} = \tilde{n}_j \qquad (2\text{-}20)$$

海底条件：

$$\frac{\partial \phi_j^{R}}{\partial n}\bigg|_{z=-H} = 0 \qquad (2\text{-}21)$$

辐射条件：

$$\lim_{R \to \infty} \sqrt{R}\left(\frac{\partial \phi_j^{R}}{\partial R} - \mathrm{i}k\phi_j^{R}\right) = 0 \qquad (2\text{-}22)$$

其中，$f = \dfrac{\omega^2}{g}$；$R = \sqrt{x^2 + y^2}$。

上述绕射势和辐射势统称为扰动势 ϕ^{P}，可用相同的数学方法，如格林函数法求解，分别得到流场内各点的绕射势和辐射势。

根据三维势流理论求得入射势、绕射势和辐射势之后，按照 Lagrange 积分公式得

$$p(x, y, z, t) = -\rho \frac{\partial \Phi}{\partial t} - \rho g z \qquad (2\text{-}23)$$

据此可以求出流场内的压力分布，将其沿结构物表面积分，即可得到结构物受到的总体流体作用力。该力由波浪激励力、流体反作用力及静回复力三部分组成。其中，波浪激励力由入射势和绕射势引起的压力积分求得；而流体反作用力（又称辐射力）则由辐射势所引起的压力积分得到，可由附加质量和阻尼系数来表征。

由此得到，结构物在频域下的一阶运动方程：

$$(m_{ij} + \mu_{ij})\ddot{x}_j + \lambda_{ij}\dot{x}_j + c_{ij}x_j = f_i, \quad i = 1,2,\cdots,6, \quad j = 1,2,\cdots,6 \qquad （2\text{-}24）$$

其中，m——质量矩阵；

　　μ——附加质量矩阵；

　　λ——阻尼系数矩阵；

　　c——回复力系数矩阵；

　　f——结构物所受到的一阶波浪力。

易知，上述各项均可通过速度势求得，即可得到频域下的水动力参数，进而求解得到结构物在频域下的运动响应。

2. Morison 公式

在海洋工程结构物中，对于 $D/L < 0.2$（D 为结构的等效直径，L 为波长）的细长构件，可以使用半理论半经验的 Morison 公式计算波浪载荷，如图 2-3 所示。这是 Morison 于 1950 年在模型试验的基础上提出的计算垂直于海底的刚性体的波浪载荷公式[42, 43]，它将作用于直立圆柱一段微小长度的水平力描述为

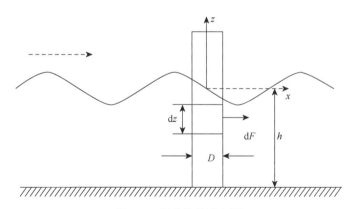

图 2-3　细长构件受力图

$$\mathrm{d}F = \rho \frac{\pi D^2}{4} C_\mathrm{M} \dot{v}_\mathrm{x} \mathrm{d}z + \frac{1}{2} \rho C_\mathrm{D} D v_\mathrm{x} |v_\mathrm{x}| \mathrm{d}z \qquad （2\text{-}25）$$

式中，ρ——流体密度；

D——柱体直径；

C_D——柱体拖曳力系数，试验确定；

C_M——柱体惯性力系数，试验确定；

v_x——dz 段中点出流体瞬间速度的水平分量；

$\dot{v}_x$——dz 段中点出流体瞬间加速度的水平分量。

2.2.2　风载荷

在设计建造海洋结构物水上部分时，必须考虑风引起的载荷。对于半潜式平台，风力主要作用于高出水面的结构部分，如立柱、上平台、平台上部设备、甲板舱室及井架等。因此，风是半潜式平台设计中一个重要的设计要素。设计中使用的风况应取自搜集的风况数据，且应该与其他同时发生的环境参数相一致。

在船舶和离岸建筑物的结构设计中，由风载荷引起的力和力矩只占整个结构载荷很小的一部分。但在涉及船舶的操纵方面，例如动力定位、系泊系统等，由风引起的动态载荷对船舶的姿态有着重要的影响。

海面上的自然风其大小及方向都是不断变化的，由于海面上波浪产生的粗糙度的影响，以及风速沿高度方向存在梯度，使得风速的大小和方向不是稳定的，这给测定作用在船舶上的风力及风力矩带来了很多困难。目前计算风载荷最精确的方法是进行风洞试验，但其试验费用昂贵、试验周期长，并且对每艘船舶都进行风洞试验也不符合实际情况，所以船舶与海洋结构物的数值分析中，一般将风当作均匀风处理。

1. 稳定风

在计算中，风载荷一般采用模块法（building block method）进行计算。模块法是估算海上结构物风载荷常用的方法，也是 ABS、DNV、CCS 船级社以及 API 建议的方法[44, 45]。模块法是把整个结构离散成不同的标准构件模块，叠加各组成构件的载荷获得总载荷。因此，计算前要求已知各组成构件的载荷特性，其准确性依赖于对构件载荷特性以及构件之间影响特性的描述。

风速随时间和距水面的高度变化，通常平均风速取水面以上 10m 作为参考高度，分为 1min、10min 和 1h 平均风速。

在海面高度 Z 处的 1min 平均风速为

$$V_{(z)} = V_{(z_r)} \left(\frac{z}{z_r} \right)^p \qquad (2\text{-}26)$$

式中，z_r——参考高度；

$V_{(z_r)}$——参考高度的风速；

p——指数，一般取 0.1～0.15。

构件风载荷计算时采用不同高度处的平均风速：

$$V_e^2 = \frac{1}{A} \iint V^2(y, z)\mathrm{d}y\mathrm{d}z \qquad (2\text{-}27)$$

式中，A——受风面积；

$V(y, z)$——构件受风面上点（y, z）的风速。

第 i 个单个构件受力：

$$F_i = 0.5\rho_a V_e^2 A_i C_i \qquad (2\text{-}28)$$

式中，C_i——载荷系数，是与风向角以及组成构件载荷特性有关的函数；

ρ_a——空气密度。

结构的总载荷为

$$X_w = \sum_i C_{q_i} F_i \qquad (2\text{-}29)$$

其中，C_{q_i}——影响修正系数，涉及风场的影响、构件间的相互影响等。

以上是对风载荷计算的基本方法，各机构计算方法的区别在于式中各系数的选取。

（1）CCS 中风载荷的求解：

$$F_w = 0.613 C_h C_s A V_w^2 \qquad (2\text{-}30)$$

（2）ABS 中风载荷的求解：

$$F_w = 0.611 C_h C_s A V_w^2 \qquad (2\text{-}31)$$

（3）API 中风载荷的求解：

$$F_w = 0.615 C_h C_s A V_w^2 \qquad (2\text{-}32)$$

式中，V_w——设计风速，m/s；

A——平台在正浮或倾斜状态时，受风构件的正投影面积，m^2；

C_h——受风构件的高度系数，根据构件高度（构件型心到设计水面的垂直距离）由高度系数表选取；

C_s——受风构件形状系数，根据构件形状由形状系数表进行选取，也可根据风洞试验确定。

不同船级社和美国石油工程师协会标准中风载计算相似，主要区别在于影响因子（空气密度、湿度等因素导致）以及受风构件的高度系数和形状系数的选取有所不同，不同机构规定了相应的高度系数和形状系数。

受风面的投影面积应该包括所有的立柱、甲板构件、甲板室、桁架、起重机、吊臂、钻台和井架，以及水线以上的船体部分。按照合理的方法考虑遮蔽影响也可以接受。

计算受风面积时，可按照以下的程序进行：

（1）对于因倾斜产生的受风面积，如甲板下表面和甲板下构件等，应采用合适的形状系数计入受风面积中；

（2）可以用几个甲板室的总投影面积代替每个独立单元的面积。但这样做时，形状系数 C_s 应取 1.10；

（3）对于孤立的建筑物、结构型材和起重机等，应选用合适的形状系数，分别进行计算。

（4）通常用作井架、吊杆和某些类型桅杆的开式桁架结构的受风面积，可近似取每侧满实投影面积的 30%，或取双面桁架单侧满实投影面积的 60%，并按形状系数表选用合适的形状系数；

（5）应按给定作业条件相应的吃水面积计算；

（6）水面上的风速随高度的增加而增加，为了考虑这种变化，应计及高度系数 C_h。

以上的方程可方便地计算纵向、横向的风力。对于斜向的环境力，如果没有确切的方法时，可以采用下式进行计算：

$$F_\phi = F_x\left(\frac{2\cos^2\phi}{1+\cos^2\phi}\right) + F_y\left(\frac{2\sin^2\phi}{1+\sin^2\phi}\right) \qquad (2-33)$$

其中，F_ϕ——斜向风力；

F_x——纵向风力；

F_y——横向风力；

ϕ——斜向入射角。

以我国新一代深水半潜式平台"海洋石油 981"为例，计算作业海况时风从该平台艏向入射时，平台受风构件（平台甲板、井架、水面以上部分的立柱）所受到的风力大小如表 2-1 所示。平台艏向受到的总风载为 443.729kN。没有考虑平台其他桁架设备，因此平台实际受到的风载偏大。

表 2-1　受风构件风载计算

受风构件	高度范围/m	宽×高/m×m	高度系数	受风面	形状系数	受风面积/m²	风速/(m/s)	风载荷/kN
箱型甲板	11～19.6	77.47×8.6	1.10	矩形	1.0	666.242	23.1	240.505
生活甲板	19.6～31.6	20×12	1.10	矩形	1.0	240	23.1	86.637
立柱	0～11（19m）	15.86×5.13（顶段）；17.385×5.87（中段）	1.0	矩形	1.0	293.285	23.1	96.154
井架	～	～	1.37	桁架	1.25	36.358	23.1	103.595

2. 低频风

低频风力引起低频稳态的纵荡、横荡及首摇运动。低频风力通常根据以实验为基础的风谱进行计算，低频风力和波浪力通常联合作用产生低频船舶运动。

虽然估计低频风力的方法已经得到深入研究，但仍存在很大的不确定性因素，特别是由所测风参数得到的风谱。因此，需要保证选择的风谱能充分表示与锚泊平台的自振频率相关的低频处的风能。由于所测风谱的变化极大，对不同的海域没有通用的风谱形状。在实际数据缺乏的情况下，可以采用以下风谱。

1）Davenport 谱

$$S_{D}(f)=\frac{4kL\bar{U}\chi}{\left[1+\left(\dfrac{Lf}{\bar{U}}\right)^{2}\right]^{4/3}} \tag{2-34}$$

式中，f——频率，Hz；

　　k——粗糙系数，对于较大波浪海况一般取 0.0025；

　　$\bar{U}$——海平面以上 10m 处的平均风速；

　　L——表征长度，一般取 1200m。

2）Harris 谱

$$S_{H}(f)=\frac{4kL\bar{U}}{\left[2+\left(\dfrac{Lf}{\bar{U}}\right)^{2}\right]^{5/6}} \tag{2-35}$$

其中，L——表征长度，一般取 1800m。

3）NPD 谱

$$S_{NPD}(f)=\frac{320\left(\dfrac{\bar{U}}{10}\right)^{2}}{\left\{1+\left[172\cdot f\cdot\left(\dfrac{\bar{U}}{10}\right)^{-0.75}\right]^{n}\right\}^{\frac{5}{3n}}} \tag{2-36}$$

其中，$n=0.468$。

4）API 谱

$$S_{API}(f)=\frac{(0.15\cdot0.5^{-0.125}\bar{U})\sigma^{2}/f_{p}}{\left(1+15\dfrac{f}{C\bar{U}}\right)^{5/3}} \tag{2-37}$$

其中，C 取值范围为 $0.01\leqslant C\leqslant0.1$。

我国南海环境不同风谱如图 2-4～图 2-7 所示。

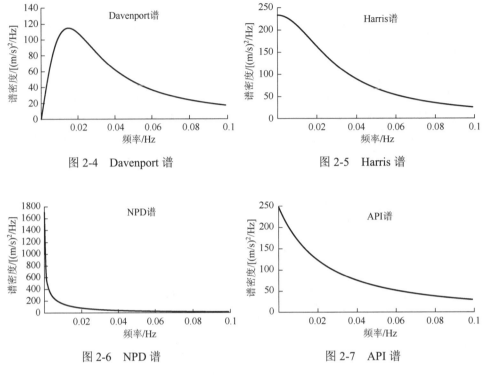

图 2-4 Davenport 谱   图 2-5 Harris 谱

图 2-6 NPD 谱   图 2-7 API 谱

3. 不通风载荷对平台的影响

假设其他环境及水深条件均相同，仅研究风载荷分别为稳定风和低频风两种工况下深水半潜式钻井平台的运动性能，以分析低频风对平台特性的影响规律。

表 2-2 为 1500m 水深、风浪流以 180°入射的作业海况下，风载荷分别为稳定风和低频风载荷的情况。

图 2-8～图 2-10 给出了确定半潜式钻井平台在 1500m 作业水深以及迎浪作业海况下，平台分别受稳定风和低频风作用时，平台各主要模态运动的统计结果对比。

表 2-2 平台运动计算结果与试验结果统计值对比

运动		单位	均值		标准差		最大值		最小值	
			稳定风	低频风	稳定风	低频风	稳定风	低频风	稳定风	低频风
纵荡	水池试验	m	−34.10	−34.57	6.94	7.08	−17.92	−17.68	−71.7	−67.08
	数值模拟	m	−36.43	−36.37	5.44	5.53	−18.20	−18.35	−74.74	−71.31
垂荡	水池试验	m	−0.68	−0.70	0.60	0.61	1.98	5.05	−3.39	−3.28
	数值模拟	m	−0.69	−0.69	0.55	0.58	1.30	1.28	−2.78	−2.77
纵摇	水池试验	deg	1.21	1.18	1.24	1.24	6.11	6.035	−5.11	−5.34
	数值模拟	deg	1.08	1.06	0.86	0.98	5.13	4.78	−2.33	−3.30

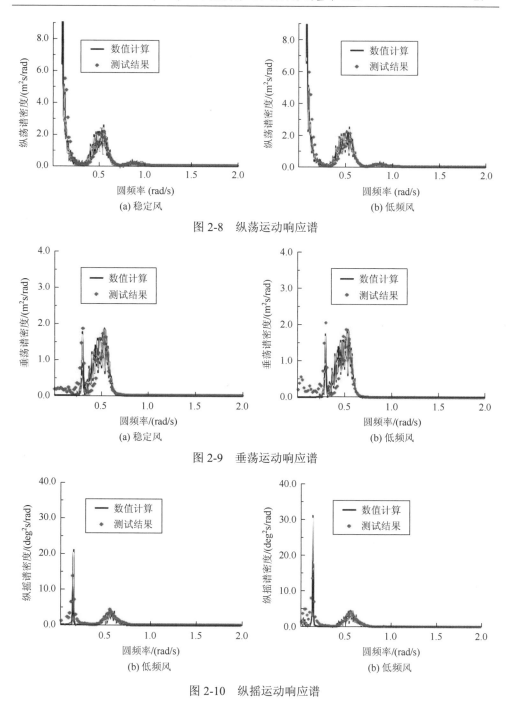

(a) 稳定风　　　　　　　　　　　(b) 低频风

图 2-8　纵荡运动响应谱

(a) 稳定风　　　　　　　　　　　(b) 低频风

图 2-9　垂荡运动响应谱

(b) 低频风　　　　　　　　　　　(b) 低频风

图 2-10　纵摇运动响应谱

　　模型试验的统计结果和数值模拟的统计结果的对比（表 2-2）均表明，水深和其他海况环境相同时，稳定风和低频风分别作用时，对平台整体运动的统计结果影响不大，即低频风对平台运动的影响不显著。

由图 2-8～图 2-10 对比可知，在稳定风作用下，各运动的响应谱与低频风作用下吻合很好，幅值的大小及对应的频率基本相似。相比于定常风的条件，低频风作用下仅纵摇运动的低频峰值和受力最大的系泊缆上顶端张力的低频部分响应稍大些，但这些变化并不十分显著。这进一步证明了低频风作用对正常作业的平台运动和系泊系统受力所产生的影响不显著。

2.2.3 流载荷

海流是大范围内的海水以某一速度在水平或垂直方向的连续流动，是海洋环境中重要的自然现象。在设计建造海洋工程结构物水下部分时，必须考虑海流引起的载荷，对于海洋环境在拖航时的拖曳力以及定位以后的缆绳系泊力等也必须考虑海流的作用。

海洋中的流有很多种类型，如海流、潮流、漂流、密度流和地转流等。由于海流的变化比较缓慢，在对海洋平台的数值分析中常将其视作稳定的流动。在海洋工程水动力性能研究中，通常不考虑水流随时间的变化以及水流在垂直方向的运动，即只考虑水流在水平方向的流动，水流速度随深度的变化视具体情况而定。

例如，在外海区域主要是由风引起的冯海流，具有表层流的性质，常假定水流不随深度变化而取某一平均水流速度，如图 2-11（a）所示；对于浅水海域，水流速度受到底部海床的摩擦等影响而减小，形成梯度流，通常以直线规律或某一简单曲线来表示，如图 2-11（b）和图 2-11（c）所示；在近岸浅水区域，由于波浪破碎等原因引起的水流，往往存在回流现象，水流沿深度的变化如图 2-11（d）所示。

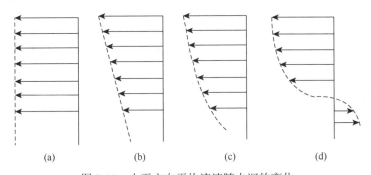

图 2-11 水平方向平均流速随水深的变化

对应于海洋平台水面以上部分受到的风载荷，水线面以下部分受到流载荷的作用，流载荷的计算方法与风载荷相同，同样采用模块法计算，即把整个结构离散成不同的标准构件模块，叠加各组成构件的载荷获得总载荷。

风载荷的计算模型仍可以用来计算流载荷，只需要将空气密度替换为水密度，但只适用于相对流速较低的情况，因为此时不需要考虑流产生的阻力波。对于包括流速和结构低频运动部分的拟定常相对流速，如此计算出来的流力系数是合理的。

考虑到围绕平均位置的低频往复震荡，流场中产生额外的紊流，将会对震荡平台上的流体动力阻尼产生重要影响，需要考虑这种紊流影响在力特性中的组成。

对于海洋浮式结构物的流载荷计算，CCS、ABS 以及 API 都有明确的描述[46, 47]，计算方法与风载荷相同，同样采用模块法进行计算，对于半潜式平台，API 规定第 i 个构件的流力为

$$F_{c_i} = C_{ss} V_c^2 \sum C_d A_{c_i}$$（2-38）

式中，V_c——设计流速，m/s；

C_{ss}——半潜式平台流力系数，$515.62 \mathrm{Nsec}^2/\mathrm{m}^4$；

C_d——拖拽力系数，圆柱形取值 0.5。

A_{c_i}——水线以下模块 i 沿流向投影面积，m^2。

总流载荷的力为

$$F_c = \sum F_{c_i}$$（2-39）

流载荷的力矩为

$$M_c = \sum_i (F_{c_{y_i}} x_i + F_{c_{x_i}} y_i)$$（2-40）

式中，M_c——流载荷力矩（$\mathrm{N \cdot m}$）；

$F_{c_{x_i}}$——模块 i 受到的纵向流力，N；

$F_{c_{y_i}}$——模块 i 受到的横向流力，N；

x_i——模块 i 的横向流力矩参考点的力臂，m；

y_i——模块 i 的纵向流力矩参考点的力臂，m。

CCS 和 ABS 推荐的流载荷计算与 API 推荐计算方法类似，ABS 推荐的流力系数 C_{ss} 为 $515.5 \mathrm{Nsec}^2/\mathrm{m}^4$。

采用模块法计算"海洋石油 981"深水半潜式平台在作业海况下海流从平台艏向入射时平台各受流载荷作用构件（浮体、横撑、水线以下立柱部分）所受的海流力大小，如表 2-3 所示。

表 2-3　受流构件流载计算（API）

受风构件	流力系数	长×宽×高/m×m×m	圆角半径/m	拖曳力系数	设计流速/(m/s)	投影面积/m²	流载荷/kN
浮体	515.62	114.07×20.12×8.54	1.83	0.65	0.93	364.54	105.670
横撑	515.62	42.7×2.438×1.3	—	1.5	0.93	55.51	37.133
立柱	515.62	17.385×5.33（中段） 15.86×5.13（底段）	3.96	0.65	0.93	355.87	245.96

2.2.4 其他载荷

半潜式平台除了受上述波浪载荷、海流载荷以及风载荷等环境载荷之外，还承受重力载荷、甲板载荷和作业载荷等其他载荷。

1. 重力载荷

空船重量指整个平台连同安装的机械、设备和舾装，包括固定压载、备件以及机械和管路中至正常工作水平面的各种液体的重量，但不包括储存在液舱内的油、水、消耗品或可变载荷、其他储存物品、船员和行李重量。重力载荷中空船载荷通过平台结构质量以及集中质量单元模拟，通过建立重力场将重力载荷分配到结构的节点上。

2. 甲板载荷

根据平台的总体布置和完整的钻井作业功能的实现及相应的配套设备的布置完成平台甲板载荷的设计手册，依据设计装载手册得到水动力性能分析和结构强度分析时准确地模拟甲板质量分布和甲板载荷分布所需的数据。

3. 作业载荷

作业载荷包括大钩和转盘载荷、立根盒载荷、隔水管张紧载荷，采用集中力或均布力将作业载荷施加到钻井井架或井架的基座上。

2.3 随机波浪统计分析

2.3.1 不规则波

海面上的风浪时大时小，参差不齐地围绕平均水面上下起伏，难以用简单的函数进行描述。为了便于分析，假定不规则波是由很多不同波长、波幅和随机相位的单元波叠加而成，如图 2-12 所示。

Longuet-Higgins 提出的海浪模型指出海面上某点（x，y）的波面升高可以由一系列不同频率、不同波幅、不同初相位、与水平面 x 轴夹角 θ 的余弦波表示[48, 49]：

$$\zeta(x, y, t) = \sum_{i=1}^{\infty} a_i \cos(k_i x \cos\theta_i + k_i y \sin\theta_i - \omega_i t - \varepsilon_i) \tag{2-41}$$

式中，i——第 i 个组成波；

a_i——幅值；

ω_i——圆频率；

ε_i——初相位；

θ_i——传播方向与 x 轴的夹角。

(a) 海上顶点实测不规则波波面

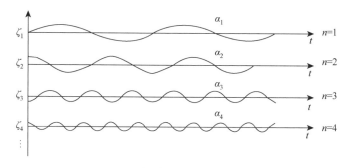

(b) 众多规则波叠加组成不规则波

图 2-12　不规则波

2.3.2　波浪谱

海洋工程广泛应用不规则波的谱密度分析方法。这是由于谱密度表示了不规则波内单元谐波的能量分布情况，显示出不规则波的组成中哪些频率的单元波起主要作用，哪些频率的单元波起次要作用，因而能够清楚地说明不规则波的特性和内部结构。

图 2-13 为波浪谱的示意图，纵坐标 $s(\omega)$ 为谱密度（m^{2}s/rad），横坐标 ω 为圆频率（rad/s）。图中：$s(\omega_0)$ 代表频率 ω_0、间隔为 $\Delta\omega$ 内响应组成波浪的平均能量；ω_p 为谱峰频率，$T_p=\dfrac{2\pi}{\omega_p}$ 为谱峰周期，$s(\omega_p)$ 是对应的谱峰值，代表最大的波浪平均能量。

谱密度的公式可以从海上大量的实测数据分析得到，也可以根据理论和经验关系导出，目前比较常用的波浪谱主要有以下几种。

1）Neumann 谱

在常用的海浪谱公式中，最早提出并且目前还在应用的是 Neumann 谱[50, 51]，由半理论半经验公式推导得到，其表达式为

$$S(\omega)=\frac{2.4}{\omega^6}\exp\left(-\frac{2g^2}{\omega^2 v^2}\right)\qquad(2\text{-}42)$$

式中，v——风速，取海面以上 10m 持续时间为 10min 的平均风速。

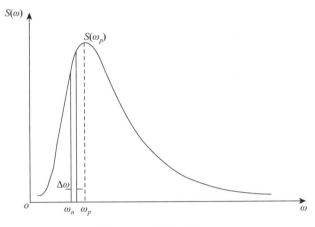

图 2-13　波浪谱函数

因为该谱仅包含一个参数（风速），它只表征了海浪总能量的大小，而对于这一波谱按频率分布的特性，特别是峰值的位置，只反映充分发展下的情况，因此原则上该谱代表充分发展的海浪。实践中很多情况下的海浪都不是充分发展的，因此该公式的应用范围受到一定的限制。

2. P-M 谱

它是由 Pierson 和 Moskovitz[52]根据北大西洋上 1955～1960 年的观测资料于 1964 年首先提出的，经过后人的应用和修改，目前常用的双参数 P-M 谱表达式为

$$S(\omega) = \frac{5}{16} \frac{\omega_p^4}{\omega} H_s^2 \exp\left[-1.25\left(\frac{\omega_p}{\omega}\right)^4\right] \qquad (2\text{-}43)$$

还可以改写成为

$$S(\omega) = \frac{124 H_s^2}{T_z^4} \omega^{-5} \exp\left[-\frac{496}{T_z^4}\omega^{-4}\right] \qquad (2\text{-}44)$$

式中，　ω_p——谱峰圆频率，　$\omega_p = 2\pi/T_p$；

　　　　T_z——平均零跨周期。

该谱与 Neumann 谱相比，有较充分的波浪观测资料为依据，并且分析方法更加合理。虽然海浪的能量来源于风，但是与海浪"严重程度"关系更加直接的是单位波浪表面积的总能量（即方差），因此表示总能量的谱曲线下部的面积是衡量海况的主要因素。而与单位波浪表面积的总能量有直接明显关系的是各种波高最高的 $1/n$ 平均值，特别是最高的 1/3 平均值所表示的平均波高与目测所得到的平均波高很接近。因此，把它作为基本参数描述波浪谱更合适。

双参数的 P-M 谱不仅适用于充分发展的海浪，而且也适用于成长中的海浪或涌浪组成的海浪。

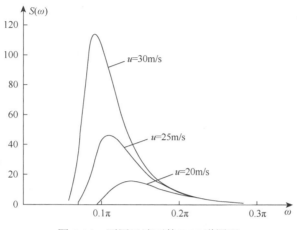

图 2-14　不同风速下的 P-M 谱图形

3. Jonswap 谱

20 世纪 60 年代，英国、美国、联邦德国、荷兰等国联合制定了一个北海波浪研究计划（Joint North Sea Wave Project）[53]，对北海的波浪进行了研究，提出了如下用于有限风区的波浪谱：

$$S(\omega) = \alpha g^2 \omega^5 \exp\left[-\beta\left(\frac{\omega}{\omega_P}\right)^{-4}\right] \gamma^{\exp\left[-\frac{1}{2}\frac{(\omega-\omega_P)^2}{\sigma^2 \omega_P^2}\right]} \qquad （2\text{-}45）$$

其中，g——重力加速度；

ω_p——峰值频率（$2\pi/T_P$）；

参数 β 和 σ——一般取 $\beta=1.25$，$\sigma = \begin{cases} 0.07, & \omega \ll \omega_p \\ 0.09, & \omega > \omega_p \end{cases}$。

参数 γ 为峰顶锐度参数，γ=1 时 Jonswap 谱和 P-M 谱相同，γ 再大一点就会使 Jonswap 谱比 P-M 谱更尖。波谱中没有体现出有义波高，但参数 a 和有义波高存在如下关系：

$$\alpha = \left(\frac{H_s \omega_P^2}{4g}\right)^2 \bigg/ (0.065\gamma^{0.803} + 0.135) \qquad （2\text{-}46）$$

通常，自然界的海浪往往不是沿着一个固定的方向传播，它是一个主要的传播方向及其他不同方向传来的波浪的组合，代表多方向组成的不规则波结构的波谱称为方向谱。由于观测手段、资料收集和分析处理等方面的困难，至今可供工程界应用的方向谱不多。

方向谱通常表示为

$$S_\zeta(\omega, \ \theta) = S_\zeta(\omega)G(\theta) \tag{2-47}$$

式中，$G(\theta)$——方向分布函数，通常认为波浪能量在主波向的 $\pm\dfrac{\pi}{2}$ 内扩散，$G(\theta)$

满足条件 $\displaystyle\int_{-\pi/2}^{\pi/2} G(\theta)\mathrm{d}\theta = 1$，工程中最常用的方向分布函数形式为

$$G(\theta) = k\cos^n\theta \tag{2-48}$$

国际船舶结构会议 ISSC 建议采用以下两种 n 值：

$$\begin{cases} n = 2, \ \ k = \dfrac{2}{\pi} \\[2mm] n = 4, \ \ k = \dfrac{8}{3\pi} \end{cases}$$

在海洋工程结构物波浪载荷计算中，Jonswap 谱和 P-M 谱是最常用的两种随机波浪谱。这两种谱均是描述风成浪，且都适用于极端恶劣的海况。图 2-15 给出了有义波高均为 4.0m 时，谱峰周期分别为 10s、8s 和 6s 时两种随机波浪谱的谱密度函数。可以看出，Jonswap 谱的峰值更加明显。

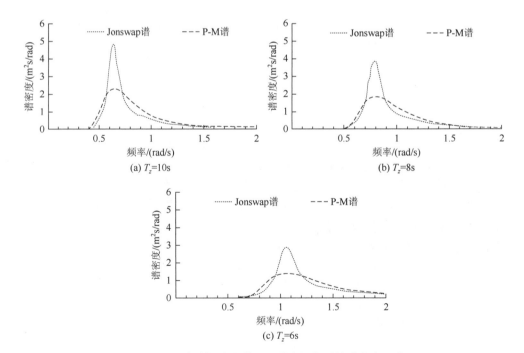

图 2-15　两种随机波浪谱不同谱峰周期时的谱密度函数

2.3.3　短期海况与波浪散布图

波浪载荷的预报分为短期预报和长期预报，分别基于短期海况和长期波浪散布图进行。短期海况可以由该海况的某些统计特征值来表示，通常由波浪特征高度和波浪特征周期确定，一般使用有义波高 H_s 和平均跨零周期 T_z 来描述，每一组（H_s，T_z）可以描述一种海况。短期海况的持续时间为半小时到数小时，工程计算一般取为 3 小时。

事实上，在一个海况下一个 T_z 值往往有好几个不同的 H_s 值，在一个海域中一年各海况出现的次数不同，根据各海况（H_s，T_z）的出现次数或出现的概率集合得到波浪散布图，一个海域的长期波浪统计特性使用波浪散布图表示。

2.3.4　线性系统的响应关系

在不规则海浪作用下，半潜式平台会产生不规则的运动和受力。如果把不规则波 $\zeta(t)$ 看做是输入，通过作为能量转换器的半潜式平台将其能量传递给作为输出的运动 $y(t)$。这里 $y(t)$ 可以是半潜式平台的运动响应或受力，图 2-16 为这种转换关系的示意图。

研究半潜式平台等浮体结构在不规则波作用下的响应问题时，都是假设不规则波是平稳的正态随机过程，而半潜式平台等浮式结构物也是时间恒定的线性系统[54, 55]。因此问题便归结为线性系统的输入与输出之间的响应关系，当输入量是一个平稳的随机过程时，输出也是一个平稳的随机过程。

输入 $\zeta(t)$　　　　　　　　　　　　输入 $y(t)$

浮式海洋结构物

图 2-16　线性系统输入与输出的转换

对于不规则波那样的随机扰动，输入和输出最方便的表达式是谱密度函数。谱分析方法中的一个重要结论是，在线性系统中，输出的谱密度等于输入的谱密度乘以系统的幅值响应算子，即

$$S_R(\omega) = S_\zeta(\omega)|H(\omega,\ \beta)|^2 \qquad (2\text{-}49)$$

式中，$S_R(\omega)$——响应谱密度函数；

$\quad\ H(\omega)$——传递函数；

$\quad\ |H(\omega)|$——响应幅值；

$S_\zeta(\omega)$——波浪谱密度函数。

2.4　设计波法

运用设计波法首先需要解决的问题是：不同构件对应着不同的波浪情况是危险的，因此需要很多不同的波参数，包括波高周期、浪向、波浪相位角等。根据目前服役的半潜式平台类型情况，双下浮体柱稳式半潜平台占绝大部分，本书主要以此类平台为例，介绍设计规则波参数的确定方法。

2.4.1　确定性设计波法

确定性设计波法是使用简单、应用比较广泛的设计波法，它是以"极限规则波波陡"为基础直接计算设计规则波波高。对应每个特征量，通过以下步骤训算该响应量达到极值时对应的波浪参数。

第一步：根据所求特征量和平台几何尺度确定浪向和特征波长 L_c，由波长与周期 T_c 之间的关系得到近似特征波浪周期 T_c。

$$L_c = \frac{2\pi T_c^2}{g} \tag{2-50}$$

然后，由关系式 $T = \frac{2\pi}{\omega}$ 得到对应的波浪圆频率 ω_c。

第二步：计算单位波幅的特征响应，即响应幅算子 RAO（response amplitude operators）或称为幅频响应算子，波浪周期范围为 3～25s 或更大。特别的，在近似特征周期 T_c 附近，波浪周期的步长取 0.2～0.5s 以利于得到精确的最大响应和对应的特征周期 T_c，在其他区域步长可取 1.0～2.0s。

第三步：根据指定的设计波浪环境（包括规则波波陡、最大设计波波高）和以下关系式计算各波浪周期和所对应的"极限规则波波高"。对于波陡值的规定，不同船级社取值不尽相同。

$$S = \frac{2\pi H}{gT^2} \rightarrow H = \frac{gT^2 S}{2\pi} \tag{2-51}$$

式中，S——波陡；

　　　g——重力加速度；

　　　H——规则波波高，m；

　　　T——规则波周期，T。

第四步：将特征波浪载荷响应的幅频响应算子 RAO 与其波浪周期所对应的"极限规则波高"相乘得到响应载荷。

第五步：第四步计算结果中最大值所对应的周期和波高即为设计波的周期和

波高，进而可以在特征波浪载荷相频响应中得到该设计波的相位；之后进一步进行设计波浪载荷计算和结构强度评估。

该方法中决定波高的波陡为一确定值，因此称为确定性方法。

2.4.2　随机性设计波法

随机性方法是通过系统特征波浪载荷响应的短期统计预报的极值得到极限波高，它可用于海况统计资料存在和缺乏两种情况：

当具备海况统计资料时，该方法可以与实际海况结合得到与真实情况相当接近的极限海况波浪参数；当缺乏海况统计资料时，该方法可以通过估算得到对平台结构最不利的极限波浪参数。

1. 短期预报

假设平台浮体对波浪作用的响应是线性关系，则在得到各规则子波中的幅频响应后，采用谱分析方法可以得到不规则波中浮体运动或波浪载荷的响应谱为

$$S_R(\omega) = [\mathrm{RAO}(\omega)]^2 S_W(\omega) \tag{2-52}$$

式中，$S_R(\omega)$——运动或载荷响应谱；

　　　$\mathrm{RAO}(\omega)$——响应幅算子；

　　　$S_W(\omega)$——波浪谱密度。

大量实践表明，浮体运动或波浪载荷幅值的短期响应服从 Rayleigh 分布，即

$$f(x) = \frac{x}{\sigma^2} \cdot \exp\left[\left(\frac{x}{\sigma\sqrt{2}}\right)^2\right] = \frac{x}{\sigma^2} \cdot \exp\left[\frac{x^2}{2\sigma^2}\right] \tag{2-53}$$

式中，x——目标变量；

　　　σ，σ^2——标准差和方差。

该分布只有方差 σ^2 一个参数，可由响应谱 $S_R(\omega)$ 得到，即

$$\sigma^2 = m_0 = \int_0^\infty S_R(\omega)\mathrm{d}\omega = \int_0^\infty S_R(\omega)\mathrm{d}\omega = [\mathrm{RAO}(\omega)]^2 S_W(\omega_0)\mathrm{d}\omega_0$$

进而可得到浮体运动或波浪载荷短期预报的各种统计值，包括均值和有义值等。其中，均值 $\bar{R}$ 为

$$\bar{R} = 1.25\sqrt{m_0}$$

有义值 $R_{1/3}$ 为

$$R_{1/3} = 2.00\sqrt{m_0}$$

此外，可进一步求得短期响应的最大值。短期响应最大值与有义值的关系为

$$R_{\max} = \frac{\sqrt{2\ln(n)}}{2} R_{1/3}$$

其中，n——变量短期循环次数。

目前，3 小时极值在海洋工程中应用得较多，它是基于 90% 的可靠性得到的，其表达式为

$$n = 5400 \frac{1}{\pi} \sqrt{\frac{m_2}{m_0}}$$

其中，m_0，m_2——分别为响应谱的零阶矩和二阶矩，$m_n = \int_0^\infty S_R(\omega) \mathrm{d}\omega$

2. 随机性方法确定波浪参数

第一步和第二步与确定性设计波法一致。

第三步：缺乏海况统计资料时，根据以下关系式计算"设计有义波高 H_s"，此时取平均跨零周期 T_z 范围为 3～18s，步长 1s。

$$S_s = \frac{2\pi H_s}{gT_z^2} \rightarrow H_s = \frac{gT_z^2 S_s}{2\pi}$$

第四步：选择适合平台工作区域海况的海浪谱计算第三步确定的每个不规则波海况，常用的海浪谱有 P-M 谱、Jonswap 谱等。将第二步确定的响应幅算子 RAO（w）和第四步确定的波能谱密度 S_w（w）采用谱分析的方法计算不规则波中波浪载荷的响应谱。

$$S_R(\omega) = (\mathrm{RAO}(\omega))^2 S_w(\omega)$$

第五步：确定每个不规则波海况短期预报的极值：

$$R_{\max} = \sqrt{m_0} \times \sqrt{2 \times (\ln(n))}$$

对每个浪向的不规则波，选择最大的短期预报极值和该浪向的幅频响应极值通过下式计算该浪向的最大规则波波幅：

$$A_D = \frac{R_{\max}}{\mathrm{RAO}_s} \cdot LF$$

其中，A_D——波幅，m；

　　　RAO_s——幅频响应极值；

　　　LF——随地理环境变化的载荷系数，取值范围为 1.1～1.3。

当具备平台所在海域的海况资料时，上述第三步可缺省，直接将表征海况的特征值——(T_z, H_s) 或 (T_p, H_s) 带入谱密度函数进行短期预报分析得到该海域的极限设计规则波参数。

2.4.3　长期预报设计波法

平台处于随机海浪作用下，波浪载荷计算也具有随机性和复杂动力性，难以

精确计算。目前普遍采取的方法是等效地设计出在一定概率水平下的规则波施加在平台上，进而计算运动和应力响应，这就是所谓的设计波法。

具体的讲，设计波指依据波浪载荷等效的原则按照某种波浪理论构造的规则波，通过对波高、周期、入射波方向以及波浪的相位角（反应波峰相对与结构物的位置）的组合搜索，使结构物处于最不利的状态且载荷达到一定恢复期的最大值，取此状态对应的波浪参数作为最终的设计波参数。按照设计波的产生过程分为确定性设计波法、随机性设计和长期预报设计波法。

长期预报设计波法是直接基于海域的长期统计结果，是最科学准确的设计波方法[56]。长期预报设计波法是在各个短期海况载荷幅值服从 Rayleigh 分布基础上，综合考虑了各个海况本身的概率而得到的长期概率分布。长期预报认为各种不同海况组成的短期预报相互独立，波浪载荷的长期分布是各短期概率分布的加权组合。波浪诱导载荷幅值 X 大于某一定值 x 的超越概率为

$$P(X > x) = \sum_i \sum_j p_i(H_s,\ T_z) p_j(\beta) \exp\left\{ \frac{-x^2}{2m_0[(H_s,\ T_z)_i,\ \beta_j]} \right\} \quad （2\text{-}54）$$

式中，　$P(X > x)$——超越概率；

　　　　$(H_s,\ T_z)_i$——短期海况出现的概率；

　　　　$p_i(H_s,\ T_z)$——根据海区的波浪散布图得到；

　　　　$p_j(\beta)$——浪向角出现的概率，一般假设浪向角在 0°～360°均布分布。

波浪诱导运动和载荷可以看作是很多短期 Rayleigh 分布的加权和，采用两参数的 Weibull 分布来拟合载荷的长期分布[57, 58]：

$$F_L(x) = 1 - \exp\left(-\frac{x}{q} \right)^h \quad （2\text{-}55）$$

式中，　q——尺度参数（scale parameter）；

　　　　h——形状参数（slope parameter）。

响应值是 x 时，超越概率为

$$Q(x) = 1 - F_L(x) \quad （2\text{-}56）$$

给定回复期就可以计算出回复期内的循环次数 N，从而得到回复期内具有 $1/N$ 超越概率的载荷幅值。最大预报载荷与 RAO 最大值的比值作为设计波波幅，设计波其他参数如周期、浪向和相位取 RAO 最大值时的对应值。

第3章 深水半潜式平台横撑载荷分析

3.1 深水半潜式平台结构分析

到目前为止，半潜式平台在不到半个世纪的时间里已经历了两次发展浪潮，目前正处于第3次发展浪潮中，其技术革新的速度非常快。半潜式钻井平台在不断的技术革新之中完成了由第一代到第六代的演变。几乎每隔10年，平台就会发生一次质的飞跃，而且这种间隔的时间也越来越短，有时新一代平台出现，更新一代的平台也几乎同时出现。

在这种快速发展过程中，半潜式平台的结构形式、性能以及作业能力都发生了很大的变化。平台结构的变化主要体现在两个方面，一是平台结构所采用材料的变革；另一个是主体结构形式的变化，如图 3-1 所示。

图 3-1　半潜式平台结构形式的变化

早期上层平台的形式主要有三角形、五角形、矩形，目前设计的大多数平台采用矩形。同时考虑到强度[59]的需要，上层平台一般设计成整体箱型结构。由于新型半潜式平台多装配有易于装卸的用于井位作业的各种功能模块，因而上层平台的尺寸和重量都有所减少，结构也更为紧凑。

立柱数量呈偶数发展趋势，如 4 根、6 根或 8 根。立柱形状由早期的圆柱形等截面设计逐渐演变为带切角或圆角的矩形截面形状。立柱到下浮体和上层甲板的过渡形式也越来越多样化，其内部构造形式也大有改观。

3.1.1　深水半潜式平台结构形式

从平台总体结构来看，早期半潜式平台采用的空间框架结构形式比较复杂，结构强度的提高受到了撑杆结构的制约。新一代半潜式平台的整体空间框架结构在设计时得到了很大的简化（如图 3-2 所示），简化后框架结构的纵向强度由上层

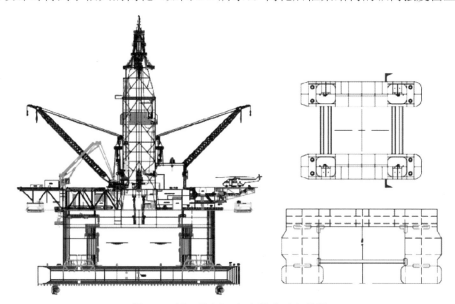

图 3-2　新一代超深水半潜式平台总图

平台的纵向箱型结构（或纵舱壁）、立柱及下浮体所组成的强力框架结构来保证；横向强度则由上层平台的箱型结构（或横舱壁）、立柱与少量水平横撑（或横向浮体）来保证。

几种新一代典型半潜式平台主要结构及性能参数如表 3-1 所示。

表 3-1　新一代半潜式平台的主要性能

平台名称	West Herqules	West E-Drill	TBA	Frigstad Oslo
设计方案	GVA 7500-N	Moss CS-50	Aker H6e	Frigstad D90
入级	DNV	DNV	DNV	DNV
建造船厂	韩国大宇	韩国三星	挪威 Aker	中国烟台
交期	2008 年	2007 年	2008 年	2009 年
主要参数				
排水量/t	53400	55700	64500	52540
可变载荷/t	7000	6000	7000	8500
下浮体尺寸（长×宽×高）/m×m×m	109×16×10	119×16×10	115×19×9	110×16×9
上层平台尺寸（长×宽）/m×m	90×78	83×73	92.5×70	78×77
作业水深/m	100～3050	250～3000	100～3000	3658
钻井深度/m	10670	9144	10000	15240
设计风速/(m/s)	51.5	55	50	51.5
最大波高/m	32.7	32	36	33
极限低温/℃	−20	−20	−25	−20
可容纳人员数量/人	120（158）	128	140（160）	160
直升机配制	S61/S92	S92	S92/S61N/EH101	M18/EH101
起重能力/t	2×80	2×75	2×85	2×100
定位系统				
动力定位系统	第三代	第三代	第三代	第三代
8 点锚泊	76mm R4 级	76mm KL4 级	76mm K4 级	可选 16 点锚泊
电站功率/kW	37600	32000	42400	43200
推进系统/MW	8×3.5	8×3.3	8×4.5	8×4.3
使用区域	大部分环境敏感区域	恶劣海况和超深水域	极端海洋工作环境	世界 95%的超深水域

截至 2014 年，全球在建平台涉及的平台形式主要有 14 种，分属 11 家设计公司[60, 61]，如图 3-3 和表 3-2 所示。可以看出，半潜式平台的设计主要集中在美国和欧洲，主要设计公司有美国 Friede&Goldman（F&G）、荷兰 GustoMSCMSC、挪威 AKERKVAERNER（AKER）、挪威 GLOBEMARITIME（GM）和挪威

MOSSMARITIME（MOSS）等公司。其中，F&G ExD 是美国 FriedeGoldman 公司于 2001 年为 GSF 公司设计的，是目前同型号建造数量最多的半潜式钻井平台。

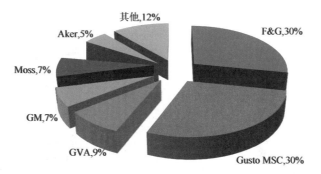

图 3-3　在建半潜式钻井平台主要设计公司市场份额

表 3-2　半潜式平台及设计公司（至 2014 年）

序号	平台形式	作业水深/ft	钻井深度/ft	在建数量		设计公司
1	F&G ExD	6500		2	12	Friede&Goldman
		7500	30000	8		
		8000	30000	1		
		10000	40000	1		
2	Ensco8500	8500	30000	4	4	ENSCO
3	GVA7500N	7500	30000	4	4	GVAConsultantsAB
	GVA4000	3300	25000	2	2	
4	MSCDSS21	10000	30000	3	3	GustoMSC MarineStructureConsultants（MSC）bv
	MSCDSS38	7500	25000	1	1	
	MSCDSS51	10000	30000	1	1	
	MSCTDS2000	6500	25000	1	3	
		7500	25000	2		
5	Scarabeo_8	10000	30000	1	1	saipens.p.a
6	BinGo9000	7500	30000	4	4	FriedeGoldmanHalter
7	MossCS50Mk.II	10000	30000	4	4	MOSSMARITIME
8	GM4000	2500	30000	4	4	GLOBEMARITIME
	GM5000	5000	30000	1	1	
9	AkerH6e	10000	30000	4	4	AKERKVAERNER
10	SevanSSP	12500	40000	1	1	SEVANMARINEASA
11	FrigstadD90	12000	50000	3	3	HaraldFrigstadEngineeringPteLtd

注：1ft=3.048×10⁻¹m。

21世纪以来，各大海洋工程公司开始把目光集中在深海开发，开发和设计了许多工作水深在3000m以上的深水半潜式平台。在建及已建成的新一代半潜式平台市场份额和平台数量最多的主要结构形式可大致分为四立柱两浮体、六立柱两浮体、四立柱两浮体环形和六立柱两浮体两环形四种结构，如图3-4～图3-7所示。

(a) F&G ExD

(b) MSCDSS50

(c) FrigstadD90

图3-4　四立柱平行浮体结构

(a) MossCS50Mk.II

(b) MossMainetime

(c) BinGo9000

图3-5　六立柱平行浮体结构

(a) GVA7500N

(b) DeepwaterNautilus

图3-6　四立柱两浮体环形结构半潜式平台

图 3-7　六立柱两浮体两环形结构半潜式平台：TheExmar2500

　　上述四种结构形式的深水半潜式平台涵盖了新一代半潜式平台的主要结构形式，本章将对上述四种深水半潜式平台进行对比分析，提出适合我国海域的深水半潜式平台结构形式。

　　由于缺乏具体和详尽的平台设计图纸资料，准确确定各个方案的模型是不现实的。现以"海洋石油 981"为母型（该平台为典型四立柱两浮体结构形式的深水半潜式平台，如图 3-8 所示），根据平台的总尺度等参数，保证四种结构形式的平台惯性半径、惯性积、重心等参数一致，并结合已知的平台重量参数进行分析计算。

　　根据设计水线以下浮体和立柱提供相同的排水量、上层甲板一致的原则对其他三种结构形式的平台主体参数进行分析（表 3-3），并对四种主要结构形式的深水半潜式平台在运动性能、稳性、拖航阻力、建造经济性等方面进行分析讨论。Miller[62]在 1976 年曾用此方法设计了采用不同形式的平行下浮体和浮箱下浮体的四种半潜式平台，对其垂荡运动相应进行研究，证明该方法是可行的。

图 3-8　　"海洋石油 981"下水及作业现场

　　计算中，四立柱-两浮体结构和六立柱-两浮体结构方案的半潜式平台结构模型（图 3-9）中的撑杆采用莫里森单元模拟，浮体和立柱均采用面源模型模拟；四立柱两浮体环形结构和六立柱两浮体环形结构方案中的半潜式平台，均采用面元模型模拟。

表 3-3　四种结构形式半潜式平台主体设计参数

方案		四立柱平行浮体结构	四立柱环形浮体结构	六立柱平行浮体结构	六立柱环形浮体结构
作业吃水/m		19.513	19.513	19.513	19.513
生存吃水/m		16.503	16.503	16.503	16.503
拖航吃水/m		8.2	8.2	8.2	8.2
主体尺寸/m×m×m	浮体	114.07×20.12×8.54	81.54×20.12×8.54	114.07×20.12×8.54	81.54×20.12×8.54
	横箱	—	45.26×24.6（8.2）×7.3	—	45.26×16.4×7.3
	立柱	17.11×17.11×21.45	17.11×17.11×21.45	14.13×14.13×21.46	14.13×14.13×21.46
	甲板	77.47×74.42×8.6	77.47×74.42×8.6	77.47×74.42×8.6	77.47×74.42×8.6
排水/m³	浮体	38128.47	27612.03	38128.47	27612.03
	横箱	—	10576.76	—	10576.76
	立柱	12357.48	12357.48	12357.6	12357.6
	总排水量	50485.95	50546.27	50486.07	50546.39
设计误差	浮体/横箱排水误差	0.1%	0.17%	0.17%	0.16%
	立柱排水误差	0.17%	0.17%	0.02%	0.01%
	总体设计误差	0.17%	0.17%	0.17%	0.17%

(a) 四立柱平行浮体结构

(b) 四立柱环形浮体结构

(c) 六立柱环形浮体结构

(d) 六立柱平行浮体结构

图 3-9　四种不同结构型式半潜平台

3.1.2 典型结构形式性能分析

总体来说，由于半潜式海洋平台水线面小，受风浪作用的接触面积小，相对于其他结构形式的浮式平台具有较好的运动响应性能；但不同结构形式的半潜式平台具有各自不同的特点，在设计中选用何种平台形式，要综合考虑工作环境、工作能力和经济性等的要求[63, 64]。

本章对四立柱两浮体、六立柱两浮体、四立柱两浮体两横箱和六立柱两浮体两横箱等四种结构的深水半潜式平台在运动性能、稳性、拖航阻力、建造经济性等方面进行对比，为平台形式的选择提供参考。

1. 运动性能

由于海洋油气资源勘探开发工作要求深水半潜式平台具有较小的运动幅度，在浮式平台设计的初期阶段，必须对其在海洋环境载荷作用下的运动性能提出一定的要求。

在半潜式平台设计初始阶段，在选择结构形式和确定主要尺度时，一般要求平台的垂荡、纵摇和横摇固有周期大于波浪周期，以期获得满意的运动性能。其中垂荡固有周期一般落在波能谱的低频区域，虽然已经超出波谱中波能集中的频率范围，但仍可能遭遇相当严重的波浪；同时考虑到立管等钻井采油设备与平台相连，为保证安全作业，对垂荡运动的限制更加严格。因此，垂荡运动是平台设计初期确定主尺度后首先要考虑的内容。

模拟计算中，着重分析讨论迎浪、斜浪和横浪作用下四种不同结构形式的半潜式平台在作业工况下的垂荡运动响应情况。平台遭受迎浪、斜浪和横浪（波浪载荷相对平台入射方向分别为 0°、45°和 90°）时四种不同结构形式半潜式平台垂荡运动频率分布情况，如图 3-10 和图 3-11 所示。

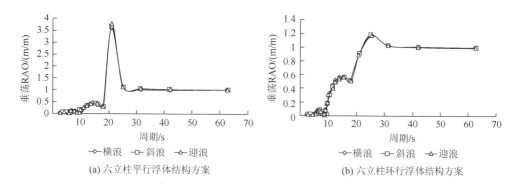

(a) 六立柱平行浮体结构方案   (b) 六立柱环行浮体结构方案

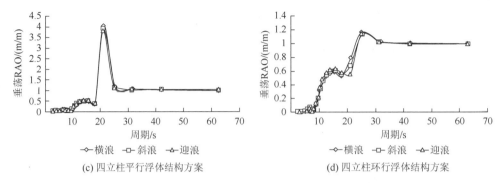

(c) 四立柱平行浮体结构方案　　　　　　(d) 四立柱环行浮体结构方案

图 3-10　四种不同结构形式半潜式平台垂荡响应运动传递函数

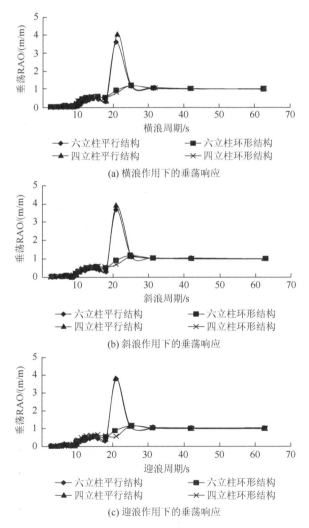

(a) 横浪作用下的垂荡响应

(b) 斜浪作用下的垂荡响应

(c) 迎浪作用下的垂荡响应

图 3-11　不同结构半潜式平台在横浪、斜浪和迎浪作用下垂荡响应特征

　　从四种不同结构形式半潜式平台垂荡响应传递函数可以看出，四种方案都具有较大的垂荡固有周期。其中，六立柱平行浮体结构和四立柱平行结构方案的半潜式平台的垂荡响应峰值对应周期在 21s 左右，而六立柱环形结构和四立柱环形结构方案的半潜式平台垂荡响应峰值对应周期在 25s 左右。

　　平台响应峰值对应周期越大，说明平台具有越好的抗风暴运行性能，由此看出，在同等条件下，环形浮体结构方案的半潜式平台相对平行浮体结构的半潜式平台具有更好的抗风暴运动性能，该结论与 Stanton 所得的结论一致。此外，对比平行浮体结构和环形浮体结构半潜式平台垂荡运动响应特征可以看出，立柱数量对垂荡运动性能造成的影响较小。

　　由于我国各海域（包括南海）的波浪平均周期范围多为 8~15s，因此在此区间的平台运动响应对平台初步设计具有指导意义。由图 3-12 可以看出，在 8~18s 的常规波浪周期范围内，平行浮体结构方案的半潜式平台垂荡幅值响应值要小于环形浮体结构方案的半潜式平台垂荡响应值。

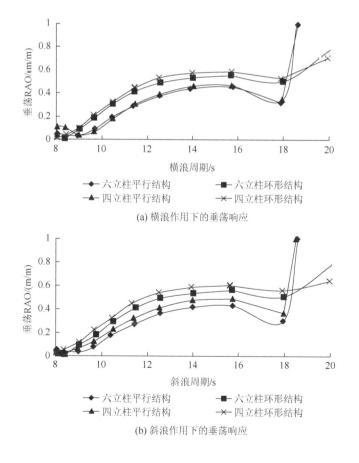

(a) 横浪作用下的垂荡响应

(b) 斜浪作用下的垂荡响应

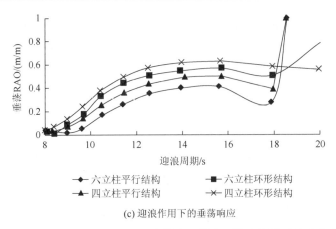

(c) 迎浪作用下的垂荡响应

图 3-12　平台在中频（8～20s）范围内横浪、斜浪和迎浪作用下的垂荡响应特征

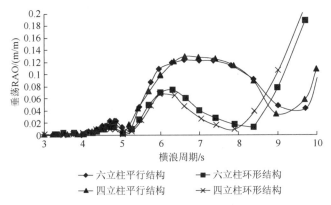

图 3-13　不同结构半潜式平台低频（3～10s）范围内横浪作用下的垂荡响应特征

　　根据四种不同结构形式半潜式平台垂直方向运动响应可以看出，环形浮体结构半潜式平台相对于平行浮体结构半潜式平台具有更好的抗风暴性能；考虑到我国海域波浪频率分布情况，具有平行浮体结构形式的半潜式平台是更好的选择。

2. 大倾角稳性

　　当平台遭遇恶劣的海况时，其倾角大大超过初稳性倾角分析范围，这时不能使用初稳性来判断平台是否具有足够的稳性。因此，本节采用变排水体积法对平台大倾角稳性进行讨论。

　　如图 3-14 所示，平台原浮于水线 W_0L_0，排水量为 V_0，重心在 G 点，浮心在 B_0 点。假设平台在倾覆力矩作用下横倾于某一较大的角度 α，而浮于水线 $W_\alpha L_\alpha$。此时，平台的重心位置保持不变，由于排水体积的形状发生变化，浮心位置由 B_0 点

沿某一直线移动到 B_α 点。于是，重力 Δ 和浮力 γV_0 就形成了一个回复力矩 M_r：

$$M_r = \Delta \times \overline{GZ} = \Delta \times (\overline{B_0R} - \overline{B_0Q}) \tag{3-1}$$

式中，$\overline{GZ}$——回复力臂；

$\overline{B_0R}$——浮心沿水平横向移动的距离，其数值由排水体积决定；

$\overline{B_0Q} = \overline{B_0G}\sin\alpha$，其数值由重心位置和平台倾斜角度决定。

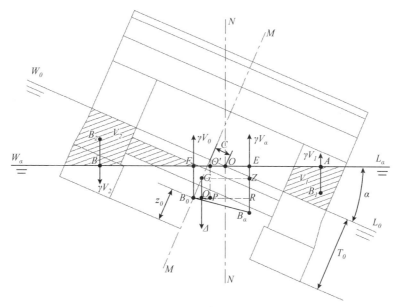

图 3-14　半潜式平台倾覆力臂计算示意图

假定平台横倾 α 角度后的水线 $W_\alpha L_\alpha$ 与正浮时的水线 W_0L_0 相交于 O 点，C 为旋转点 O 到平台中心线 $M\text{-}M$ 的距离（即偏离值），T_0 为平台正浮时的吃水深度，$N\text{-}N$ 为通过 O 点计算静距的参考轴线。则浮心沿水平横向移动的距离 $\overline{B_0R}$ 可由下式求得：

$$\overline{B_0R} = \overline{OE} + \overline{OO'} + \overline{B_0P} = \overline{OE} + C\cos\alpha + (T_0 - z_0)\sin\alpha \tag{3-2}$$

因此，计算回复力矩 M_r 的关键是计算出平台倾斜后的浮力 γV_α 到参考轴线 $N\text{-}N$ 的距离 $\overline{OE}$。假设平台倾斜后的入水楔形体积为 V_1，平台出水体积为 V_2，则平台倾斜后 $W_\alpha L_\alpha$ 水线下的排水体积 V_α 为

$$V_\alpha = V_0 + V_1 - V_2 \tag{3-3}$$

根据合力矩原理，排水体积 V_α 对于 $N\text{-}N$ 的体积静矩 M_α 为

$$M_\alpha = V_\alpha \times \overline{OE} = V_1 \times \overline{OA} + V_2 \times \overline{OB} - V_0 \times \overline{OF} \tag{3-4}$$

则平台浮于倾斜水线 $W_\alpha L_\alpha$ 时浮力作用线到参考轴线 $N\text{-}N$ 的距离为

$$\overline{OE} = \frac{M_\alpha}{V_\alpha} = \frac{V_1 \times \overline{OA} + V_2 \times \overline{OB} - V_0 \times \overline{OF}}{V_0 + V_1 - V_2} \tag{3-5}$$

　　由于平行浮体结构半潜式平台方案和环形浮体结构半潜式平台方案的平台横向截面形状及尺寸接近，且在水线 W_0L_0 下的初始排水量 V_0 近似相等；另外，即使平台横倾至最大角度（接近平台最小气隙位置）时，环形浮体结构半潜式平台方案中的横向浮体也并未浮出水面。所以，影响平台浮于倾斜水线 $W_\alpha L_\alpha$ 时浮力作用线到参考轴线 N-N 的距离 $\overline{OE}$ 的主要因素为平台横倾后的入水楔形体积和出水楔形体积的变化差。

　　如图 3-15 和图 3-16 所示，由于平行浮体结构平台方案的浮体纵向尺寸大于

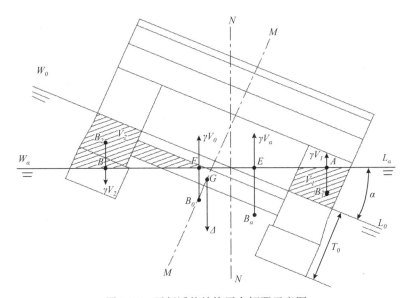

图 3-15　平行浮体结构平台倾覆示意图

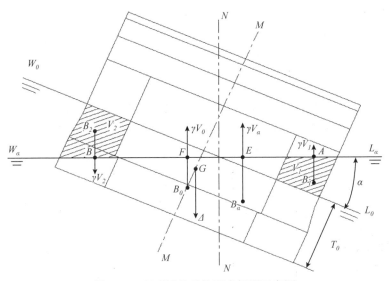

图 3-16　环形浮体结构平台倾覆示意图

环形浮体结构平台方案的浮体纵向尺寸，排水体积多，平台倾斜造成的静矩变化要比环形浮体结构方案大得多。因此，平行浮体结构方案的回复力臂要比环形浮体结构方案的回复力臂大。

3. 拖航性能

半潜式平台建造完成之后，由于各种要求需要将其从船坞移动到海上油田或在海上各个油田之间拖移，半潜式平台的拖航性能关系到平台的迁移成本和工作效率，是衡量半潜式平台综合性能的重要指标之一。因此，由于拖航过程中平台结构在海水和空气两种流动介质中运动，必然受到风载荷和波浪载荷的作用，研究不同结构形式半潜式平台拖航性能对平台最终选型具有重大的意义。

由于初步设计时不同结构形式半潜式平台具有相同的甲板及钻井包结构，受到的风载一致，本节针对不同结构形式平台拖航过程中受到海水阻力情况进行讨论。

根据中国船级社的《海上拖航指南》[65]和《海上拖航法定检验技术规则》[66]对不同拖航速度下四种半潜式平台受到的海水拖航阻力进行估算，如表 3-4 所示。对于四种不同结构形式的半潜式平台，由于环形浮体结构平台增加了两个横箱结构，拖航过程中所受到的拖航阻力明显大于平行浮体平台结构。显然，平行浮体结构半潜式平台具有更好的拖航性能。

表 3-4　不同结构形式半潜式平台不同拖航速度下的拖航阻力

结构方案	拖航吃水/m	拖航速度/kn	平台构件拖航阻力/kN		
			浮体	横箱	拖航总阻力
四立柱平行浮体结构	8.2	6	209.0	—	209.0
		7	296.5	—	296.5
		8	374.9	—	374.9
		9	531.7	—	531.7
		10	672.4	—	672.4
四立柱环形浮体结构	8.2	6	234.2	270.5	504.7
		7	338.0	388.0	726.0
		8	408.7	464.1	872.7
		9	599.7	669.9	1269.6
		10	774.8	855.0	1629.8
六立柱平行浮体结构	8.2	6	209.0	—	209.0
		7	296.5	—	296.5
		8	374.9	—	374.9
		9	531.7	—	531.7
		10	672.4	—	672.4

续表

结构方案	拖航吃水/m	拖航速度/kn	平台构件拖航阻力/kN		
			浮体	横箱	拖航总阻力
六立柱环形浮体结构	8.2	6	234.2	360.7	594.9
		7	338 0	517.3	855.3
		8	408.6	618.8	1027.4
		9	599.7	893.2	1493.0
		10	774.8	1140.0	1914.8

4. 钢材用量

半潜式平台的造价估算是一个十分复杂的学科，也是船东最关心的问题之了。半潜式平台的建造成本主要分为主要生产设备成本（如发电机、轮机和处理设备等）、海上作业相关设施成本（锚泊设施和动力定位设施等）、平台主体钢材成本、运输和安装成本等。其中，主要生产设备成本和海上作业相关设施成本受市场供求关系影响比较大，运输和安装成本主要由平台拖航阻力等因素决定，而平台主体钢材的建造成本则与平台主体尺度关系密切。

Sobieszczanski-Sobieski 指出在工程应用的概念设计阶段，结构物重量用简化的代数公式表示，可以节约大量的计算成本。本节根据 Penney[67] 在大量的统计数据基础之上对四种不同结构形式半潜式平台主体钢材重量中最重要的几部分进行的计算。

半潜式平台浮体内部由一道纵舱壁和一系列的横舱壁构成，主要的内部钢结构还包括横向肋骨以及人员通道，如图 3-17 所示。半潜式平台包括立柱与浮体连接部位结构重量在内的浮体结构钢材重量与浮体表面积和吃水深度存在下述关系：

$$W_1 = 9.4 \times [2L_p(B_p + D_p)T]^{1.05} \times 10^{-3} \tag{3-6}$$

式中，W_1——下浮体钢材重量；

$\quad\quad L_p$——下浮体长度；

$\quad\quad B_p$——下浮体宽度；

$\quad\quad D_p$——下浮体高度；

$\quad\quad T$——作业吃水深度。

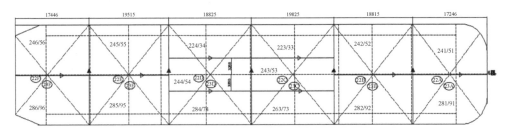

图 3-17　半潜式平台浮体结构示意图

半潜式平台立柱内部由水平平台分割，包括立柱内部的立柱-撑杆接头部分钢料在内，单根立柱的钢材重量可近似表示为

$$W_2 = H_c \times 0.286 B_c^{1.612} \tag{3-7}$$

式中，W_2——立柱钢材重量；

　　　H_c——立柱高度；

　　　B_c——立柱宽度。

甲板结构主要有隔框型和箱型结构两种结构形式，在对甲板结构提出储存浮力要求以前建造的平台多为隔框型，而现在建造的平台基本上均采用箱型结构。箱型结构甲板主要由若干中间甲板，垂向舱壁和主甲板构成，箱型甲板的重量也主要由主甲板重量 W_3、其余甲板（包括双层底）重量 W_4 和垂向舱壁重量 W_5 三部分组成。

$$\begin{cases} W_3 = 0.242 A_{md} - 0.121 A_{md}^2 \times 10^{-4} \\ W_4 = 0.051 A_{rd} + 0.162 A_{rd}^2 \times 10^{-4} \\ W_5 = 0.026 h A_{md} - 2.13 \end{cases} \tag{3-8}$$

式中，A_{md}——主甲板面积；

　　　A_{rd}——其余甲板总面积；

　　　h——甲板高度。

半潜式平台撑杆多为小直径管状构件，是内部装有加强筋的圆筒形壳体，撑杆对平台总体钢材重量影响不大，可由下式计算钢材重量 W_6：

$$W_6 = 0.405 L_b D_b^{1.608} \tag{3-9}$$

式中，L_b——撑杆的长度；

　　　D_b——撑杆的直径。

通过分别对四种不同结构形式的半潜式平台浮体、立柱和甲板等主体结构钢材重量的估算（如表 3-5 所示）可以发现，六立柱平行浮体结构半潜式平台主体结构钢材重量最大，其他三种结构形式平台钢材重量接近，钢材重量最小的为四立柱平行浮体结构形式半潜式平台。

表 3-5　不同结构形式半潜式平台钢材重量估算　　　　（单位：t）

方案	平台主体结构					主体结构总重量
	浮体	横箱	立柱	撑杆	甲板	
四立柱平行浮体结构	4317.67	—	2387.02	173.27	3490.01	10367.97
四立柱环形浮体结构	3035.01	1485.86	2387.02	—	3490.01	10397.9
六立柱平行浮体结构	4317.67	—	2630.11	346.54	3490.01	10784.33
六立柱环形浮体结构	3035.01	1339.88	2630.11	—	3490.01	10495.01

3.2　半潜式平台简化模型的建立

3.2.1　简化模型建立依据

大型半潜式钻井平台实际结构非常复杂，平台内部由各种不同规格的纵、横骨架式壳体结构、环形扶强材、加强筋组成。对平台结构进行载荷分析时，主要是针对考虑半潜式平台承受外部载荷时平台内部构件截面承受的载荷进行分析，严格根据实际平台几何结构建立实际计算模型并不是必要的。针对总体结构关键部位截面承受载荷分析可按照一定的简化依据对平台实际结构进行简化模型的计算，即采用简化的结构形式（如空间钢架模型）表征平台简化计算模型。

基于合理的工程计算简化依据，建立一个简化的结构模型来表征平台实际结构进行载荷分析。即：环形扶强材（位于立柱结构内部，与横向骨架式壳体结构起的作用相同，是保证在较高的外部水压力和工作载荷下该构件不发生形状变形失稳）和加强筋（与结构外部壳体的内表面连接，变距离分布，保证结构的总体强度）都用板结构代替，这样载荷分析计算简化模型就可以分别由规则箱型结构组成的上甲板、浮箱、立柱和横撑组成，其中计算简化模型的主要几何尺寸与平台实际结构强度计算的有限元几何模型的主要几何尺寸相一致。

简化谱分析结构模型的依据为：

（1）惯性矩等效。在平台的实际结构中选取典型横截面计算其惯性矩，根据此横截面的惯性矩数据来等效分配简化模型对于不同横截面的板厚度和数量，避免简化模型中因横截面突变导致的在实际结构相对应的横截面部位不应出现的应力集中现象。

（2）重量等效。在惯性矩相同的基础上，应保证每部分简化模型的重量和实际平台的对应部分的重量相同；在横截面板厚度确定的情况下，可以调节简化计算模型中各部位板结构的密度或质量块分布来实现这一目的。

一个能够反映实际工程问题本质的简化计算模型，即使在有大型计算机这一有力计算工具的今天，依然是结构工程师们乐于采用的。特别是在结构初步方案的优化设计时，针对实际复杂的工程结构，简化计算模型仍然具有不可替代的工程意义，因为它能提供比较清晰的受力概念；对于较规则的结构体系，简化计算模型已完全可以提供符合设计需要的较满意且符合工程要求的计算结果。

3.2.2　半潜式平台简化模型

以某深水半潜式平台为目标平台进行分析，目标平台的主体尺寸包括平台长

度、宽度和高度。平台长度指平台在中纵剖面上的最大水平投影尺寸,平台宽度
指垂直于纵剖面的两舷壳板内侧之间的最大水平距离,平台高度指平台长度中点
处沿舷侧从基线至下壳体最上层连续甲板梁上缘的垂直距离。

目标半潜式平台主体尺度及主体结构参数如表 3-6 所示。

表 3-6　目标平台主体尺寸参数

平台构件	项目	尺寸
平台主体	长×宽×高/m×m×m	114.4×74.4×38.6
浮体	长×宽×高/m×m×m	114.07×20.12×8.54
	距中心点横、纵距离/m	58.56
	横截面圆角半径/m	1.83
	纵截面舾向圆角半径/m	6.1
	舱体分段/m×m×m	17×18×19
立柱	长×宽×高(顶部)/m×m×m	17.385×15.86×5.13
	长×宽×高(中部)/m×m×m	17.385×17.385×11.2
	长×宽×高(底部)/m×m×m	17.385×15.86×5.13
	圆角半径/m	3.96
	距中心点横、纵距离/m	58.56
横撑	长×宽×高/m×m×m	42.7×2.438×1.83
	距基线距离/m	9.76

1. 结构模型

半潜式平台体积庞大,结构复杂,目标半潜式平台主要结构由箱型甲板、立
柱、浮体和水平横撑构成。

1)箱型甲板结构模型

箱型甲板布置全部钻井机械、平台操作设备、储备物资以及生活设施等。箱
型甲板由平台甲板、围壁和若干纵横舱壁组成的空间箱型结构,根据布置和使用
的要求,目标半潜式平台由上层甲板、中间甲板和主甲板三部分组成,其箱型甲
板结构简化模型如图 3-18 所示。

2)立柱结构模型

半潜式平台立柱的主要作用是将上层箱型甲板支撑于下层浮体结构之上,并
对平台提供一定的水线面,使平台获得稳性。目标平台立柱为矩形结构,内部包
含有横、纵及水平骨架,将立柱分割为多个独立舱体,立柱简化结构模型如图 3-19
所示。

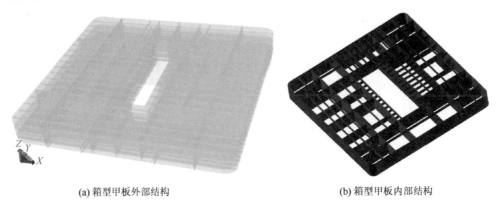

(a) 箱型甲板外部结构　　　　　　　　　　　　(b) 箱型甲板内部结构

图 3-18　箱型甲板结构模型图

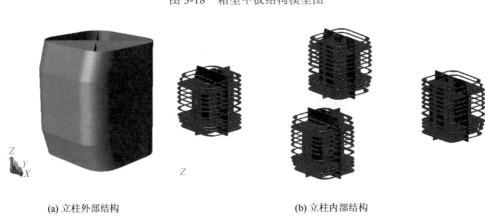

(a) 立柱外部结构　　　　　　　　　　　　(b) 立柱内部结构

图 3-19　立柱模型图

3）浮体结构模型

目标半潜式平台采用圆角矩形剖面浮体结构，如图 3-20 所示。浮体结构为整

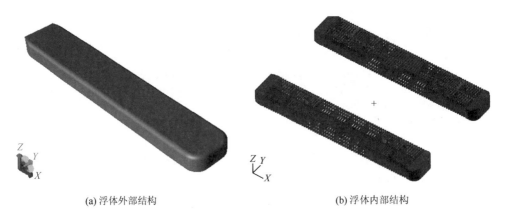

(a) 浮体外部结构　　　　　　　　　　　　(b) 浮体内部结构

图 3-20　浮体结构模型图

体平台提供足够的浮力。浮体内部由若干个纵横舱体组成，以保证其结构的水密性和强度，在这些舱室内将放置推进器、油水舱、压载水舱和其他各种机械设备。

　　4）水平横撑结构模型

　　目标平台采用四根两组水平横撑（图 3-21）将浮体和立柱连接在一起，将主要承受环境载荷作用下的水平分离载荷。

　　目标半潜式平台整体结构模型与分析模型分别如图 3-22 和图 3-23 所示。

图 3-21　水平横撑

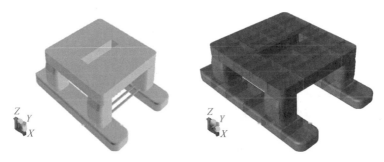

图 3-22　目标平台整体结构模型图

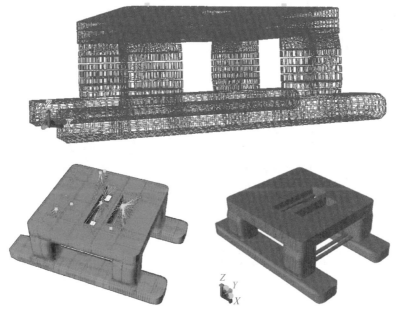

图 3-23　目标平台分析模型

2. 质量模型

求解波浪诱导载荷与运动方程时需要知道平台的质量矩阵，合理地建立质量模型有助于较为真实地模拟平台的质量分布和获得准确的质量矩阵。根据平台甲板总体布置信息（图 3-24）以及目标平台的每种装载工况所有区域的最大设计均布载荷和集中载荷信息（表 3-7），采用若干质量块（图 3-25）对平台设备进行模拟。

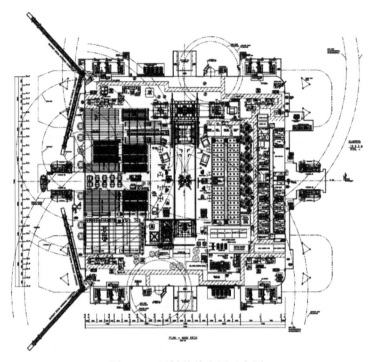

图 3-24　甲板总体布置示意图

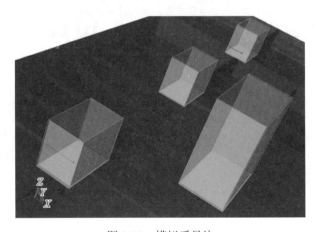

图 3-25　模拟质量块

目标平台内部结构信息极其复杂，不可能对平台所有质量分布完全准确地模拟，为尽量准确地计算平台在复杂波浪环境载荷下受到的水动力载荷，根据平台实际装载信息通过调整平台各部分质量分布进行模拟。

表 3-7 平台装载情况 （单位：kg/m³）

管子区	3910	机舱及应急发电房	2680
主甲板区	1710	泥浆泵区	3170
月池周围主甲板区	1950	袋装品存放区	2680
BOP 存放区	5860	中层甲板库房	1330
钻台工作区	2441	电气室	1710
钻台立根盒区	48810	直升机甲板	210
隔水管垂直存放区	48810	振动筛区	1330
居住甲板	730	泥浆池区	8790
生活区顶层甲板	730	固控系统区域	1710

由于简化模型对目标平台结构进行了适当简化处理，简化模型三个典型部分横截面惯性矩与实际结构的误差均在 4% 以内（表 3-8）；简化模型整体重量为 3.08×10^4 t，与目标平台重量相差 800t，误差 2.76%。简化模型的总体惯性矩如表 3-9 所示。

表 3-8 简化模型与实际结构惯性矩比较

		目标平台结构	简化模型	误差/%
甲板	Iz/m^4	6971	6719.12	3.6
	Iy/m^4	102.6	98.45	4.0
立柱	Iz/m^4	62.8	60.3	3.9
	Iy/m^4	70.5	68.5	2.8
浮体	Iz/m^4	82.9	85.46	3.1
	Iy/m^4	24.3	23.34	3.9

表 3-9 简化模型的惯性矩

	坐标原点 O	中心 G
Ixx/m^4	4.31×10^{10}	3.01×10^{10}
Iyy/m^4	4.69×10^{10}	3.51×10^{10}
Izz/m^4	5.21×10^{10}	5.12×10^{10}
Ixy/m^4	2.79×10^{-5}	2.86×10^{-5}
Iyz/m^4	-2.71×10^{-4}	9.38×10^{-5}
Izx/m^4	2.13×10^{-4}	-6.28×10^{-5}

3. 水动力模型

目标平台直接承受水动力载荷的结构有水平横撑、浮体和水线以下的立柱，水动力载荷计算过程中应根据构件不同结构特点采用合适的理论进行分析。由于水平横撑属于细长结构物，利用 Morison 公式计算其受到的波浪力、附加质量及阻尼系数；对浮体结构和位于水线以下的立柱部分受到的水动力载荷采用三维势流理论计算。

选择 Morison 模型对平台水平横撑建模，选择面元模型对平台其他部分进行建模，将势流理论和 Morison 公式应用于同一个水动力模型的不同部分则采用复合模型（图 3-26），对整个平台进行水动力建模分析，如图 3-27 所示。

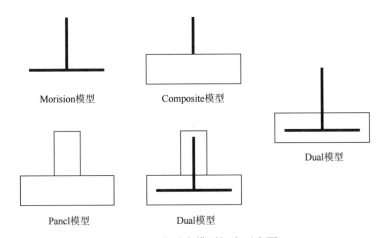

图 3-26　水动力模型组合示意图

图 3-27　平台水动力模型

4. 边界条件

结构有限元分析需要消除平台 6 个自由度的刚体运动，选取 3 个节点约束刚体位移，3 个节点位于浮体的一个与水平面平行的平面内。其中节点 1 和节点

2 位于右舷浮体纵舱底面，节点 3 位于左舷浮体纵舱底面（图 3-28）。节点 1 的约束条件为 $U_x = U_y = U_z = 0$，节点 2 的约束条件为 $U_y = U_z = 0$，节点 3 的约束条件为 $U_z = 0$。

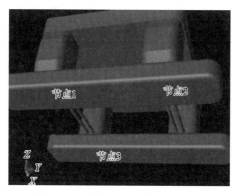

图 3-28　结构强度计算位移约束

3.3　半潜式平台运动响应分析

海洋环境作用下平台的运动及载荷响应可通过数值模拟、水池模型试验及海洋环境下实际测量确定。由于海洋真实环境下对海洋平台运动及载荷响应测试具有较大难度，在平台设计初期更不可能。为验证平台在海洋环境载荷作用下的数值模拟响应是否准确，并能够比较真实反映实际情况，多采用平台模型的水池试验。

本节采用海洋工程国家重点实验室可以模拟超深水及复杂风浪流海洋环境的深水试验池（图 3-29）对目标平台模型进行海洋环境载荷作用下的运动响应模拟试验（图 3-30），对数值模拟响应进行验证[68-71]。

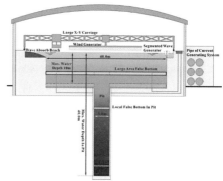

图 3-29　国家重点实验室深水试验池

图 3-30　目标半潜式平台模型实验

3.3.1　平台附加质量和阻尼系数

附加质量系数和阻尼系数均用 6×6 的矩阵表示，现提取对平台水动力性能起主要作用的对角线上的 6 个值进行分析。

以 μ_{11}、μ_{22} 和 μ_{33} 分别表示纵荡、横荡和垂荡运动模态的附加质量，这 3 个运动模态的附加质量随周期的变化曲线如

图 3-31 所示；以 μ_{44}、μ_{55} 和 μ_{66} 分别表示横摇、纵摇和艏摇 3 个角运动的附加惯性矩，这 3 个角运动的附加惯性矩随周期的变化曲线如图 3-32 所示。

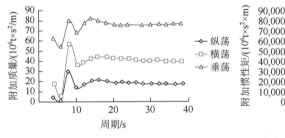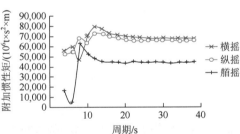

图 3-31　位移运动模态的附加质量　　　图 3-32　角运动模态的附加惯性矩

以 d_{11}、d_{22} 和 d_{33} 分别表示纵荡、横荡和垂荡 3 个位移运动模态的阻尼系数，该 3 个运动模态的阻尼系数随周期的变化曲线如图 3-33 所示；以 d_{44}、d_{55} 和 d_{66} 分别表示横摇、纵摇和艏摇 3 个角运动的阻尼系数，这 3 个角运动的阻尼随周期的变化曲线如图 3-34 所示。

由图中可以看出，3 个位移运动阻尼对波浪比较敏感的周期区间为 4～10s，周期约为 6s（频率为 1.0rad/s）时阻尼最大；由于 3 个角运动阻尼对波浪比较敏感的周期区间为 4～12s，应尽量减少在此波浪周期内工作或者避免谐振。

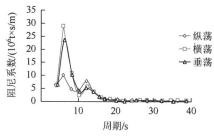
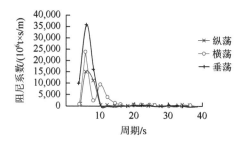

图 3-33　位移运动的阻尼系数　　　　图 3-34　平台 3 个角运动的阻尼系数

3.3.2　运动响应幅值算子

半潜式平台运动幅值响应算子可以表征波浪频率与平台运动响应之间的关系，因此运动幅值响应算子是对平台自身性质的一种反映。只要半潜式平台不浮出水面或出现明显的甲板上浪等极端情况，半潜式平台运动幅值响应算子就与波浪频率的变化趋势保持一致。

由于半潜式平台艏摇响应幅值的量级相比其他运动响应的量级要小很多，并不会对平台整体运动响应带来很大的影响，因此，本节重点考察目标半潜式平台在作业海况（吃水深度为 19m）下纵荡、横荡、垂荡、横摇和纵摇五个自由度的运动响应情况。

当半潜式平台遭遇迎浪时，平台的运动以纵荡、垂荡和纵摇 3 个运动响应为主；当半潜式平台遭遇横浪时，平台的运动以横荡、垂荡和横摇为主。本节分别对目标半潜式平台在遭遇迎浪和横浪情况下平台运动响应幅值算子与水池试验取得的运动响应幅值算子进行对比，以验证简化模型计算的准确性。

平台运动响应幅值算子对比情况如图 3-35 和图 3-36 所示。

通过对目标半潜式平台在生存工况下遭遇迎浪和横浪时获得的运动响应幅值算子与水池试验获得的结果对比可以发现，目标半潜式平台主要运动响应幅值算子的数值计算结果与水池试验取得的结果能够较好地吻合。说明依据本章简化建模思路能够较好地模拟半潜式平台整体结构在环境载荷作用下的响应。

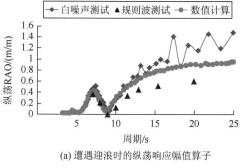

(a) 遭遇迎浪时的纵荡响应幅值算子

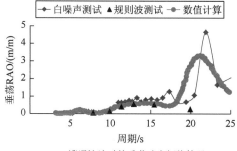

(b) 遭遇迎浪时的垂荡响应幅值算子

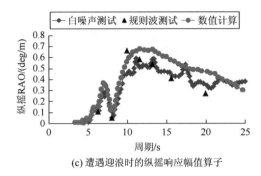

(c) 遭遇迎浪时的纵摇响应幅值算子

图 3-35　目标平台遭遇迎浪时的运动响应幅值算子对比

通过对比还可发现，由于平台遭受二阶低频波浪慢漂力和风力所引起的低频响应，平台会产生较大的水平移动（纵荡和横荡）；纵荡和横荡两个运动响应幅值在低频范围内具有较明显的响应，并且随着频率的降低，平台运动响应呈增长趋势。

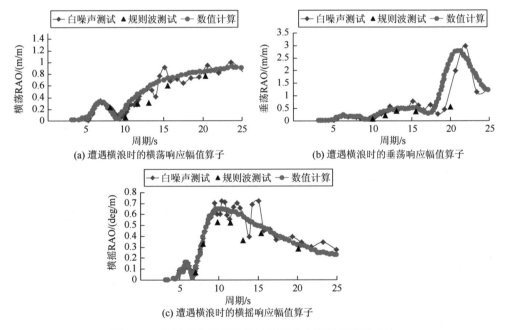

(a) 遭遇横浪时的横荡响应幅值算子　　　　　　(b) 遭遇横浪时的垂荡响应幅值算子

(c) 遭遇横浪时的横摇响应幅值算子

图 3-36　目标平台遭遇横浪时的运动响应幅值算子对比

垂荡的运动响应幅值出现在 0.3rad/s 的频率范围（对应波浪周期为 21s）内，说明平台垂向自振频率与之接近，这可能与半潜式钻井平台水下构造较特殊（具有两浮体）以及惯性半径比较小有关。因此，当平台遭遇主频率在 0.3rad/s 左右的入射波时，应该考虑其垂荡对平台整体的影响；而横摇和纵摇在 0.5~0.6rad/s

的频率范围内出现较大的峰值，说明目标半潜式平台的横摇和纵摇主要呈现波频响应特征。

3.3.3　运动响应谱

运动响应是半潜式平台在环境载荷作用下的直接反应，为了更进一步验证简化模型计算的准确性，本节将简化模型计算得到的生存海况下目标平台的运动响应谱与目标平台水池试验测得的运动响应谱进行对比，生存海况下主要海况信息如表 3-10 所示。

表 3-10　生存海况下主要海况信息

有义波高/m	谱峰周期/s	谱峰因子	风速/（m/s）	表层流速/（m/s²）	吃水/m
11.1	13.6	2.4	48.3	1.62	19

由于平台试验中运动响应为时历响应，利用 Fourier 变换对半潜式平台时历响应进行频域转换，再将其与模型数值模拟结果进行对比分析。

如图 3-37～图 3-39 所示，当目标半潜式平台遭遇迎浪时，对比平台纵荡、垂荡和纵摇的水池试验时程响应以及试验结果与简化模型数值计算运动响应谱发现，水池试验结果与简化模型数值模拟计算得到的运动响应谱比较吻合，能够有效证明简化模型数值模拟计算的可行性。

此外，由响应谱结果可以看出，纵荡响应在低频范围内很明显，而在 0.5rad/s 左右的波频范围也存在较小的响应峰值，这与运动响应幅值算子反映的结果一致；而垂荡运动响应在低频和波频区域均出现响应峰值，说明垂荡运动响应均有低频和波频运动特征；与垂荡一样，纵摇运动响应同样存在低频和波频运动特征，而纵摇的低频响应更为明显，与运动幅值算子反映的结果一致。

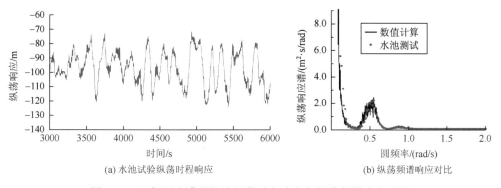

(a) 水池试验纵荡时程响应　　　　　　(b) 纵荡频谱响应对比

图 3-37　目标平台遭遇迎浪纵荡时程响应与纵荡频谱响应对比

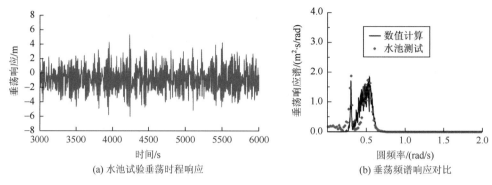

(a) 水池试验垂荡时程响应　　　　　　(b) 垂荡频谱响应对比

图 3-38　目标平台遭遇迎浪垂荡时程响应与垂荡频谱响应对比

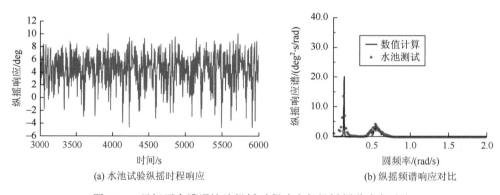

(a) 水池试验纵摇时程响应　　　　　　(b) 纵摇频谱响应对比

图 3-39　目标平台遭遇迎浪纵摇时程响应与纵摇频谱响应对比

如图 3-40～图 3-42 所示，目标半潜式平台遭遇横浪时，对比平台横荡、垂荡和横摇的水池试验时程响应以及试验结果与简化模型数值计算运动响应谱发现，试验结果与简化模型数值模拟得到的运动响应谱比较吻合，而且运动响应谱反映的响应趋势和响应特征与幅值响应算子反应的结果一致，说明简化模型能够比较准确地模拟出将目标平台作为一个整体时在环境载荷作用下的响应特征。

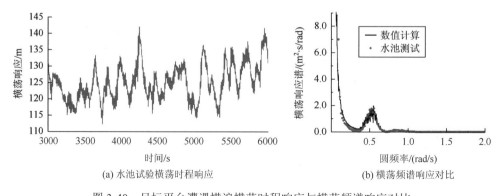

(a) 水池试验横荡时程响应　　　　　　(b) 横荡频谱响应对比

图 3-40　目标平台遭遇横浪横荡时程响应与横荡频谱响应对比

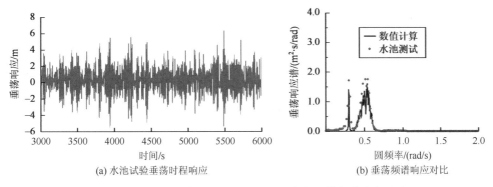

(a) 水池试验垂荡时程响应 　　　　　(b) 垂荡频谱响应对比

图 3-41　目标平台遭遇横浪垂荡时程响应与垂荡频谱响应对比

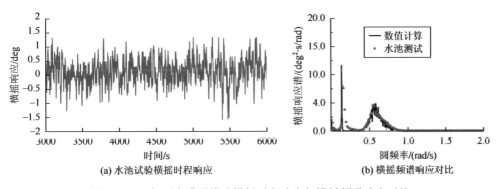

(a) 水池试验横摇时程响应 　　　　　(b) 横摇频谱响应对比

图 3-42　目标平台遭遇横浪横摇时程响应与横摇频谱响应对比

3.4　典型载荷预报

3.4.1　典型载荷选择

平台整体水动力特征响应是平台在一系列规则波中某一特征的响应，是考察各部位构件受力情况的重要依据。

半潜式平台在环境载荷作用下典型载荷是进行半潜式平台结构设计和强度分析的基础数据。当平台设计者或使用者已知平台可能发生破坏时的海况或状态时，就可以在设计的过程中更好地避免或减小这种海况或状态对平台的影响，在使用过程中可针对典型载荷状态做出一定的防范措施。由此可见，分析确定半潜式平台遭遇典型载荷以及典型载荷对应的海况是非常重要的。

半潜式平台的典型载荷与波高、周期、相位以及浪向角都有密切的联系，而且在平台的使用过程中，这些因素有多种不同的组合状态。所以，在确定半潜式平台的典型载荷时，需要对平台的受力状态进行分析，得出对平台整体或局部结构影响较大的典型海况状态。

　　由于半潜式平台纵向和横向尺寸较为接近，其结构形式与最常见的船舶等海洋结构物具有较大的差异，而通常船舶结构只需根据中垂和中拱最大的原则进行波浪载荷的预报分析。根据工程实践和规范要求[72-75]，需要对平台结构影响较大的几个典型载荷（如图3-43）进行预报分析。

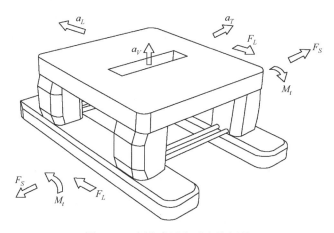

图 3-43　半潜式平台受力特征量

$F_S.$ 水平分离力；$M_t.$ 横向扭矩；$F_L.$ 纵向剪切力；$a_T.$ 横向惯性力；$a_L.$ 纵向惯性力；$a_V.$ 垂向惯性力

1. 水平分离力工况

　　当平台遭遇横浪（浪向角为90°时）、波长接近平台宽度2倍、波峰位于平台中部且波谷位于浮体两端呈对称分布的情况下（如图3-44），作用在半潜式平台浮体和立柱上的水平分离力（或压缩力）达到最大；同理，波谷位于平台中部且波峰位于浮体两端呈对称分布的情况下，平台间的挤压力达到最大值。

　　当波峰处于平台中间位置时表现为分离力，当波谷处于平台中间位置时表现为压缩力。该载荷将对平台的水平横撑、甲板结构以及立柱和甲板连接处产生较大的影响。

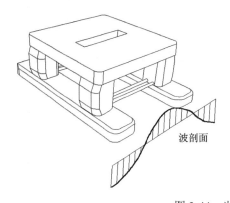

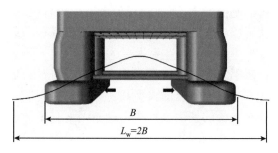

图 3-44　半潜式平台水平分离力

对于浮体对称分布的半潜式平台，此时浮体间的横撑构件将承受最大的轴向力。若平台没有横撑构件，甲板与立柱的连接部位将存在最大的弯矩；对于环形浮体结构半潜式平台，横向浮体中的中剖面和两端将分别承受最大的轴向力和弯矩。

2. 扭转工况

在平台遭遇斜浪（浪向角为 30°～60°时），且波长接近平台对角线长度、波谷位于对角线中心、波峰位于两边的情况下（见图 3-45），平台将产生以水平横轴为转轴的最大扭矩。这时，平台的水平横撑和垂向斜撑将受到较大的轴向力，没有斜撑构件的平台将导致主甲板受到较大的扭矩作用。

斜浪情况下，除扭转之外，平台同时受到横向力和弯矩的联合作用。弯矩可由扭矩得到，它的大小对波浪入射角并不敏感。横向力由伴随产生的分离力得到，它的大小对波浪入射角很敏感。最危险的工况常发生在入射角稍高于产生最大扭矩的入射角的工况，所以要确定最危险工况往往需要在一定入射角范围内进行搜索。

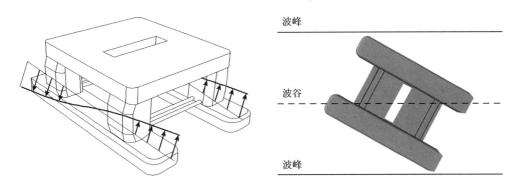

图 3-45　平台扭转及波浪状态

3. 纵向剪切力工况

在平台遭遇斜浪（浪向角为 30°～60°时），且波长接近平台对角线长度的 1.5 倍，波谷位于对角线、波峰位于两侧的情况下（见图 3-46）将产生最大纵向剪切力。在该工况下平台两个浮体在纵向剪切力作用下将出现反方向的位移，使得水平横撑构件遭受很大的弯矩作用。由于纵向剪切力和水平分离力同时发生，因此需要对多个浪向进行对比分析，找到最大的组合工况。

由图 3-47 可以看出，该响应使两浮浮体产生方向相反的纵向（和垂向）位移，因此横向构件上将产生相当大的弯矩。与扭矩响应的情况相同，斜浪情况下除纵向剪切力之外，同时存在水平分离力。且水平分离力与纵向剪切力对横向构件产生相同应力分量，因此分析时需多考虑几个浪向，从而得到最大合成应力所对应的浪向。

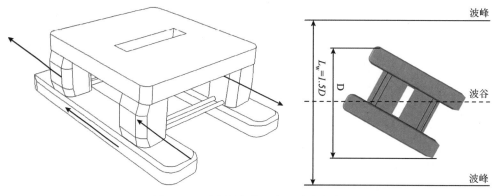

图 3-46　平台纵向剪切力及波浪状态

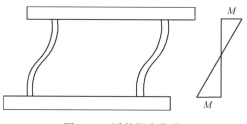

图 3-47　浮体纵向位移

4. 甲板重量引起的横向惯性力

由于甲板及其甲板上的装置设备具有很大的重量，平台在遭遇横浪时（浪向角为 90°，如图 3-48 所示），平台在波浪作用下运动时这部分重量将引起横向惯性力。

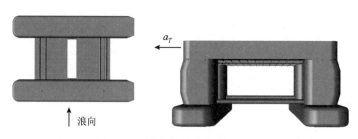

图 3-48　横向惯性力及波浪状态

当平台吃水较小（比如迁移工况和自存工况）时横向惯性力最为显著，因此它不利于平台的拖航工况。甲板重量引起的横向加速度将导致甲板和浮体之间产生横向剪切力；对于有斜撑的半潜式平台，这种剪切力作用将使斜撑承受很大的轴向力，立柱承受一定弯矩作用；对于没有斜撑的半潜式平台，剪切力主要由平台立柱承担。

5. 甲板质量引起的纵向惯性力

当平台遭遇迎浪（浪向角为 0°）或随浪（浪向角为 180°时，如图 3-49 所示），平台甲板及甲板上的装置设备将引起明显的纵向惯性力。同样，甲板质量引起的纵向加速度也会导致甲板和浮体之间的纵向剪切作用，使得平台浮体承受一定的弯矩作用。

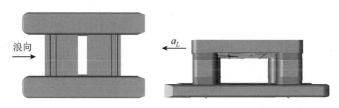

图 3-49　平台纵向惯性力及波浪状态

6. 甲板质量引起的垂向惯性力

一般的，半潜式平台甲板质量引起的垂向惯性力作用对结构安全的影响相对较小。自存工况时甲板质量引起的最大加速度为 0.2～0.25g。

7. 垂向弯矩工况

当平台遭遇迎浪（浪向角为 0°）或横浪（浪向角为 90°），且波长接近浮体长度时，波峰位于平台中部、波谷位于两端或波谷位于平台中部、波峰位于两端，呈对称分布情况，如图 3-50 所示。此时，平台在波浪载荷作用下将对浮体产生较大的垂向弯矩。

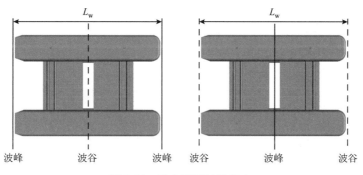

图 3-50　垂向弯矩波浪状态

　　这种情况下，单个浮体的受力与船舶受载相似，浪向与波长接近时垂向波浪弯矩响应达到最大值，即中拱或中垂状态（如图 3-51 所示），对浮体结构最为不利。

图 3-51　浮体上的波浪弯矩

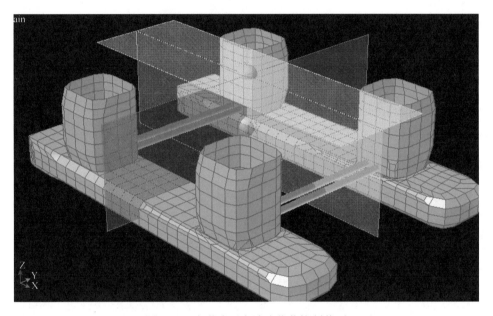

图 3-52　半潜式平台波浪载荷控制截面

　　由于半潜式平台内部结构极其复杂，在波浪中的运动会产生复杂的应力分布，如果运动中在某些控制截面产生了最大的载荷响应，那么此时的波浪条件就是典型载荷对应的典型波浪条件，可以直接作为半潜式平台结构进一步设计或分析的依据。所以，在进行半潜式平台结构分析之前，首先必须选定平台的控制截面，如图 3-52 所示。

　　在对半潜式平台典型载荷预报分析时，使用中纵剖面横向力表示半潜式平台的水平横向力，中纵剖面扭矩表示平台水平横向扭矩，中纵剖面垂向剪切力表示平台纵向剪切力。

　　预报甲板单位质量纵向惯性力时，单位质量的坐标位置取甲板上靠近月池位置处立管存放区域的中心，目标平台的坐标点为（15.5m，0m，45.5m）；预报甲板单位质量横向惯性力时，单位质量的坐标位置取为甲板上靠近左舷的立管存放区域的中心，目标平台的坐标点为（24m，19m，42.5m）。

3.4.2　典型载荷传递函数

平台的典型载荷在不同周期、浪向、相位和浪向角的条件下差异很大，需要根据平台结构形式搜索出对结构最不利的波浪条件。

目标半潜式平台载荷传递函数分析的海洋环境条件与波浪收索的参数如下：

（1）作业水深。选取作业海域为中国南海，作业水深为 1500m。

（2）收索浪向区间。由于目标半潜式平台艏部与尾部、左舷与右舷均为对称结构，为减少计算时间，以 0～90°的等概率波浪方向范围对平台结构进行计算，浪向区间收索步长为 15°。

（3）波浪频率。波浪频率为 0.1～1.5rad/s、步长 0.05rad/s，足以涵盖目标海域绝大部分波浪频率范围。

目标半潜式平台生存工况（吃水 16m，风速 55m/s，表层流速 2.26m/s）下，模拟分析得到目标平台在环境载荷作用下的载荷响应情况，如图 3-53 所示，平台典型载荷传递函数响应如图 3-54 所示。

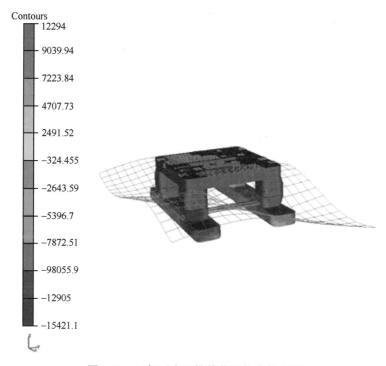

图 3-53　目标平台环境载荷下的载荷响应

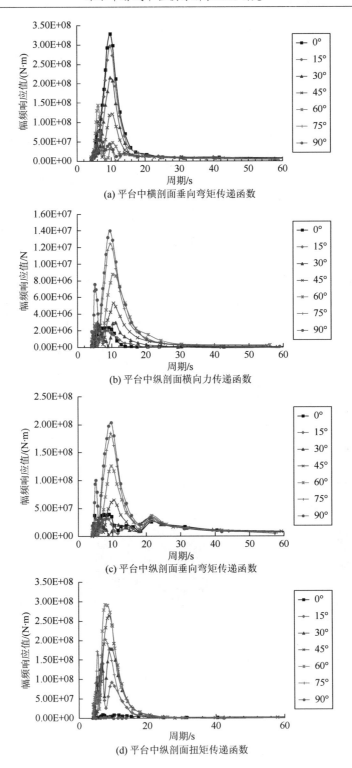

(a) 平台中横剖面垂向弯矩传递函数

(b) 平台中纵剖面横向力传递函数

(c) 平台中纵剖面垂向弯矩传递函数

(d) 平台中纵剖面扭矩传递函数

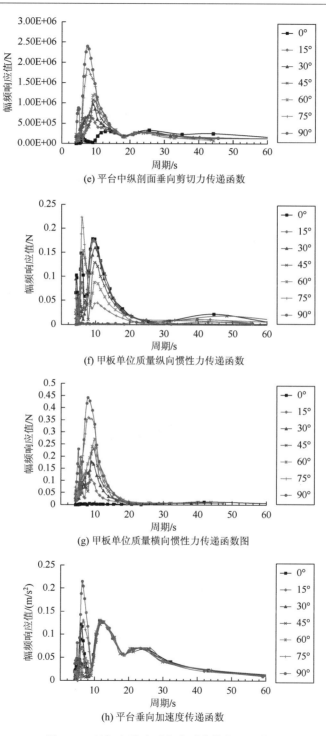

(e) 平台中纵剖面垂向剪切力传递函数

(f) 甲板单位质量纵向惯性力传递函数

(g) 甲板单位质量横向惯性力传递函数图

(h) 平台垂向加速度传递函数

图 3-54　目标半潜式平台典型载荷传递函数

由图 3-54 可知，目标半潜式平台典型载荷传递函数响应峰值基本上处于 0.65rad/s 的波浪频率左右。其中：

中横剖面垂向弯矩响应（图 3-54（a））峰值出现在浪向为 0°，频率为 9.58s，对应的相位为 134.35°；

平台在遭遇 90°横浪、相位角为−31.67°，且波浪周期为 9.67s 时，平台中纵剖面横向力（图 3-54（b））最大；

平台在遭遇 90°横浪、相位角为−28.65°，且波浪周期为 10.12s 时，平台中纵剖面垂向弯矩（图 3-54（c））最大；

平台在遭遇 60°波浪、相位角为 164°，且波浪周期为 7.9s 时，平台中纵剖面扭矩（图 3-54（d））最大；

平台在遭遇 90°横浪、相位角为 72.76°，且波浪周期为 7.4s 时，平台中纵剖面垂向剪力（图 3-54（e））最大；

平台在遭遇 75°波浪、相位角为 77.78°，且波浪周期为 6.01s 时，甲板单位质量纵向惯性力（图 3-54（f））最大；

平台在遭遇 90°横浪、相位角为−102.3°，且波浪周期为 7.8s 时，平台甲板单位质量横向惯性力（图 3-54（g））最大；

平台在遭遇 90°横浪、相位角为−17.34°，且波浪周期为 6.3s 时，平台中纵剖面横向力（图 3-54（h））最大。

目标半潜式平台典型载荷与诱导波浪敏感频率范围及对应的危险规则波如表 3-11 所示。可以看出，目标半潜式平台典型载荷对应的峰值浪向多为 90°。因此，在半潜式平台使用过程中应重点关注平台遭遇横浪时的响应。此外，平台横向分离力与垂向弯矩响应峰值出现在同一波浪频率，且相位非常接近，分析时应注意。

表 3-11　关键工况载荷分布情况

典型载荷	波浪频率/(rad/s)		峰值浪向/(°)	峰值相位/(°)
	敏感区间	峰值频率		
中横剖面垂向弯矩	0.5～0.8	0.65	0	134.35
中纵剖面横向力	0.5～0.85	0.65	90	−31.67
中纵剖面垂向弯矩	0.5～0.85	0.65	90	−28.357
中纵剖面扭矩	0.6～0.95	0.8	60	164
中纵剖面垂向剪切力	0.6～1.05	0.85	90	72.759
甲板横向惯性力	0.6～1.0	0.8	90	−102.25
甲板纵向惯性力	0.6～1.15	1.05	75	77.774
甲板垂向加速度	0.75～1.15	1.0	90	−17.337

3.4.3　半潜式平台载荷预报

采用南海某区域波浪散布图（如表 3-12）及 Jonswap 波谱对目标半潜式平台在生存工况下的典型载荷进行长期预报（如图 3-55）。

表 3-12　南海某区域波浪散布图

T_z \ H_s	≤3	3~4	4~5	5~6	6~7	7~8	8~9	9~10
0.0~0.5	0.597	2.536	4.395	1.719	0.269	0	0	0
0.5~1.0	0.778	6.51	6.853	6.671	2.739	0.089	0	0
1.0~1.5	0.045	3.704	8.26	5.814	4.434	0.09	0	0
1.5~2.0	0	0.275	7.591	5.332	3.283	0.497	0	0
2.0~2.5	0	0	2.798	4.388	2.93	0.451	0.09	0
2.5~3.0	0	0	0.273	3.547	1.714	0.629	0.045	0
3.0~3.5	0	0	0.046	1.692	1.623	0.672	0.093	0
3.5~4.0	0	0	0	0.453	2.209	0.987	0	0
4.0~4.5	0	0	0	0	0.494	0.448	0	0
4.5~5.0	0	0	0	0	0.134	0.36	0.045	0
5.0~6.0	0	0	0	0	0.367	0.448	0.045	0

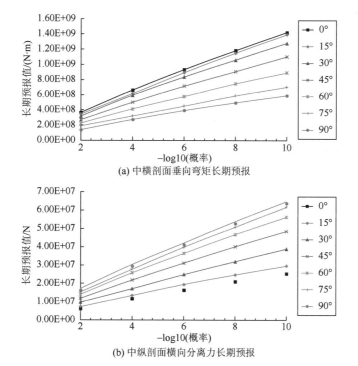

(a) 中横剖面垂向弯矩长期预报

(b) 中纵剖面横向分离力长期预报

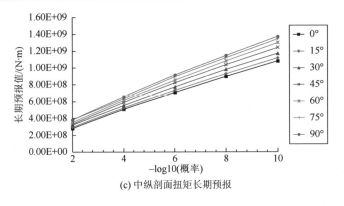

(c) 中纵剖面扭矩长期预报

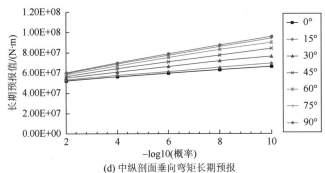

(d) 中纵剖面垂向弯矩长期预报

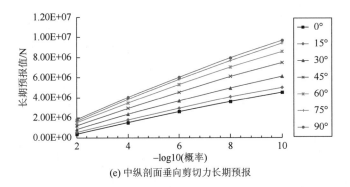

(e) 中纵剖面垂向剪切力长期预报

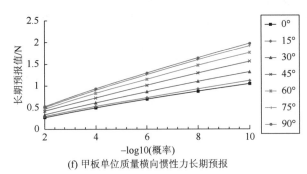

(f) 甲板单位质量横向惯性力长期预报

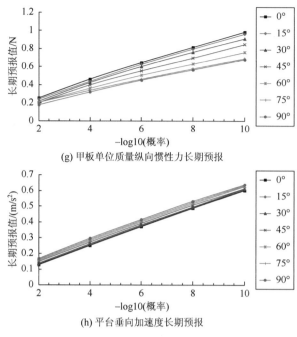

(g) 甲板单位质量纵向惯性力长期预报

(h) 平台垂向加速度长期预报

图 3-55　目标半潜式平台典型载荷长期预报

结合已经获得的典型载荷传递函数，即可得到典型载荷的设计波参数。目标半潜式平台各典型载荷长期预报结果如表 3-13 所示，平台典型载荷设计波参数如表 3-14 所示。

表 3-13　生存工况载荷长期预报

典型载荷	浪向/(°)	尺度参数	形状参数	长期预报值
中横剖面垂向弯矩	0	1.006×10^8	1.183	$1.297 \times 10^9 \text{N} \cdot \text{m}$
中纵剖面横向力	90	4.462×10^6	1.181	$5.787 \times 10^7 \text{N}$
中纵剖面垂向弯矩	90	6.676×10^7	1.194	$8.414 \times 10^8 \text{N} \cdot \text{m}$
中纵剖面扭矩	60	9.912×10^7	1.22	$1.185 \times 10^9 \text{N} \cdot \text{m}$
中纵剖面垂向剪切力	90	1.497×10^6	1.224	$1.774 \times 10^7 \text{N}$
甲板横向惯性力	90	1.509×10^{-1}	1.222	1.798N
甲板纵向惯性力	75	5.765×10^{-2}	1.264	0.6344N
平台垂向加速度	90	4.515×10^{-2}	1.129	0.6609m/s^2

表 3-14　目标半潜式平台生存工况下典型载荷设计波参数

典型载荷	浪向/(°)	圆频率/(rad/s)	相位/(°)	等效波幅/m	波长/m
中横剖面垂向弯矩	0	0.65	134.35	4.053	145.8
中纵剖面横向力	90	0.65	−28.47	4.133	145.8
中纵剖面垂向弯矩	90	0.65	−28.47	4.133	145.8
中纵剖面扭矩	60	0.8	−15.88	4.086	96.3

典型载荷	浪向/(°)	圆频率/(rad/s)	相位/(°)	等效波幅/m	波长/m
中纵剖面垂向剪切力	90	0.85	72.759	3.707	85.3
甲板横向惯性力	90	0.8	−102.25	4.052	96.3
甲板纵向惯性力	75	1.05	−102.35	2.851	55.9
平台垂向加速度	90	1.0	−17.34	3.084	61.6

3.5　横撑承载分析

3.5.1　横撑应力响应特征

半潜式平台在上述典型载荷作用下平台整体变形及应力状态将达到对应变形的最大状态，其中主要包括半潜式平台横向分离变形、扭转变形、剪切变形以及弯曲变形。

由于中纵剖面横向力与中纵剖面垂向弯矩两种典型载荷设计波参数相同，即在该设计波状态下，半潜式平台横向分离以及纵向弯矩载荷及形变达到最大值，因此，在分析半潜式平台在典型载荷作用下的力学性能时，可以将这两种极限状态一起分析。另外，平台甲板横向惯性力、甲板纵向惯性力和平台整体垂向加速度三个极限状态达到最大值时，不会引起平台整体变形的变化。

因此，半潜式平台在典型载荷作用下的变形可以分为横向分离状态（纵向弯曲状态）、纵向扭转状态、纵向剪切状态和横向弯曲状态。由设计波参数可知，当半潜式平台上述变形达到最大状态时，平台所在海域波浪入射方向、入射波长、相位与平台尺寸及相对位置的关系如图3-56所示。

由于半潜式平台结构单元众多，特别是平台箱型甲板结构紧凑，不便于直接反应平台在典型载荷作用下的变形情况，可以采用半潜式平台包括平行浮体、水平横撑和水线以下立柱部分的平台湿表面模型进行计算。

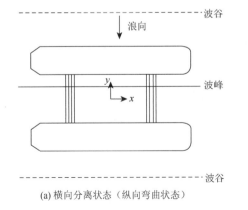

(a) 横向分离状态（纵向弯曲状态）

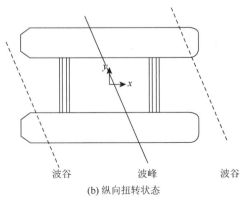

(b) 纵向扭转状态

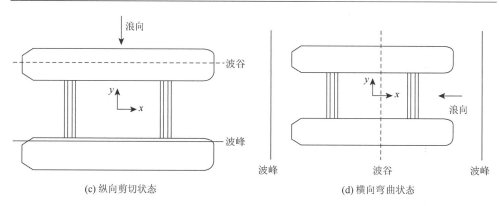

(c) 纵向剪切状态　　　　　　　　　　　　(d) 横向弯曲状态

图 3-56　平台变形与设计波状态关系图

表 3-15　平台横撑在不同典型载荷作用下的最大应力响应　　　　　（单位：MPa）

序号	典型载荷	计算工况	
		生存工况	作业工况
1	水平分离力载荷/垂向弯矩载荷状态	152.3	105.8
2	中纵剖面最大扭矩	55.3	45.6
3	中纵剖面最大剪切力状态	40.5	28.6
4	甲板最大横向惯性力	45.9	29.6
5	甲板最大纵向惯性力	57.8	46.3
6	中横剖面最大垂向弯矩	45.9	24.1
7	平台最大垂向加速度状态	42.6	27.5

　　目标半潜式平台湿表面模型在典型载荷下的变形情况以及应力分布情况如图 3-57 和图 3-58 所示。

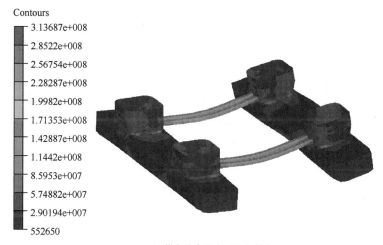

(a) 横向分离状态（纵向弯曲）

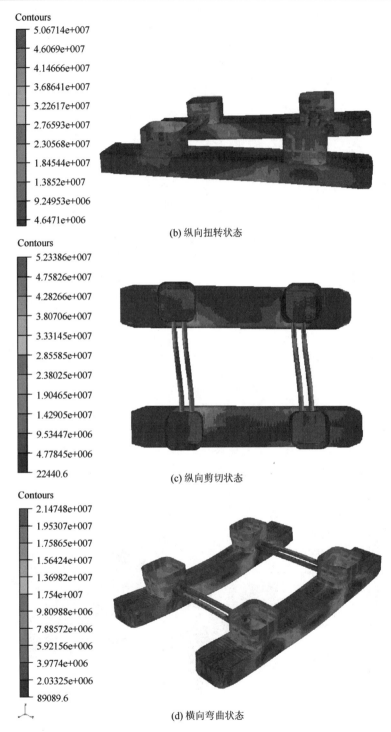

图 3-57　半潜式平台湿表面模型典型形变载荷作用下的变形情况

　　平台在外载作用下结构应力分布都比较均匀（如图 3-58），但是各主要构件连接部位仍然存在明显的高应力区域，高应力区域主要分布在半潜式平台水平横撑与立柱连接部位、立柱与平行浮体连接部位、立柱与甲板连接部位和平台月池区域。

　　虽然半潜式平台立柱和箱型甲板等大型构件分担平台遭受的主要外部载荷，但平台水平横撑与立柱连接部位仍然存在较大的应力响应。为确定不同典型载荷作用下平台水平横撑最大应力变化情况，模拟计算得出的生存工况和作业工况下，平台在典型形变载荷、惯性力载荷和极限垂向加速度载荷作用下水平横撑最大应力响应情况如表 3-15 和图 3-59 所示。

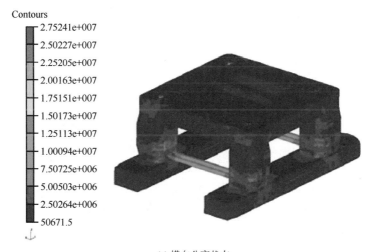

(a) 横向分离状态

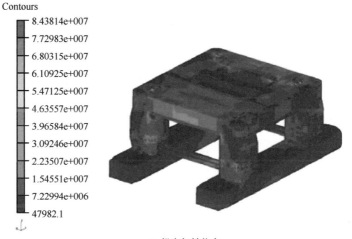

(b) 纵向扭转状态

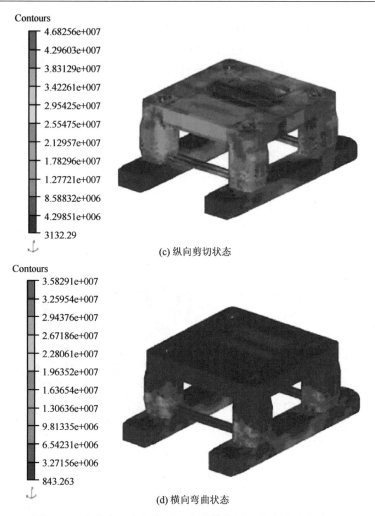

(c) 纵向剪切状态

(d) 横向弯曲状态

图 3-58　半潜式平台在典型形变载荷作用下的应力分布情况

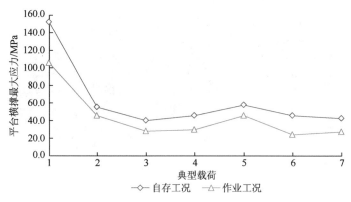

图 3-59　平台横撑在不同典型载荷作用下的最大应力响应

可以看出，半潜式平台在最大横向分离状态及纵向弯曲状态极限载荷作用下，平台水平横撑应力响应达到最大值，即水平横撑将主要承担横向分离载荷和弯曲载荷。由于平台箱型甲板、立柱和平行浮体分担了大部分扭矩、剪切、横向弯曲和惯性力载荷，平台水平横撑结构承担的载荷则相对较小。

因此，分析半潜式平台水平横撑受载时，可以忽略扭转、剪切等载荷因素的影响，而重点分析水平横撑轴向拉伸和纵向弯曲载荷。

3.5.2 横撑承载分析

可以看出，半潜式平台在横向分离力状态及中纵剖面垂向弯矩状态载荷水平最高。根据 3.4 节所得半潜式平台载荷传递函数和平台载荷长期预报，利用长期预报设计波设计思路，可以得出生存工况下平台中纵剖面横向力为 $65.3 \times 10^6 \mathrm{N}$，中纵剖面垂向弯矩为 $8.431 \times 10^8 \mathrm{N \cdot m}$。模拟计算得到平台在横向分离力及中纵剖面垂向弯矩作用下的变形状态如图 3-60 所示。

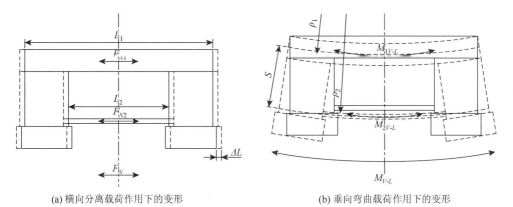

(a) 横向分离载荷作用下的变形   (b) 垂向弯曲载荷作用下的变形

图 3-60 平台中横剖面在外载作用下的变形情况

L_1. 平台甲板原始宽度；L_2. 横撑原始宽度；ΔL. 横向伸长量；F_{N1}. 平台甲板承受的横向拉伸载荷；F_{N2}. 横撑承受的横向拉伸载荷；F_N. 横向拉伸载荷；$M_{1V\text{-}L}$. 甲板承担的垂向弯矩；$M_{2V\text{-}L}$. 横撑承担的垂向弯矩；$M_{V\text{-}L}$. 垂向弯矩；S. 甲板中线到横撑中线的距离；ρ_1. 甲板曲率；ρ_2. 横撑的曲率

由于平台中纵剖面所承受载荷由水平横撑和箱型甲板共同分担，假设：

平台甲板和横撑在水平分离力作用下横向伸长量 ΔL 相等；

相对于箱型甲板和水平横撑，平台立柱具有更大的刚度，环境载荷作用下平台立柱变形量相对较小；

在弯曲载荷作用下，平台甲板与横撑具有相同的曲率中心。

则，平台中纵剖面水平分离力和弯曲载荷存在如下关系式：

$$\frac{\Delta L E_1 A_1}{L_1} + \frac{\Delta L E_2 A_2}{L_2} = F_N \tag{3-10}$$

$$\frac{E_1 I_1}{\rho_2 - S} + \frac{E_2 I_2}{\rho_2} = M_{V-L} \tag{3-11}$$

经推算得水平横撑承受拉伸载荷：

$$F_{N2} = F_N \frac{L_1 E_2 A_2}{L_2 E_1 A_1 + L_1 E_2 A_2} \tag{3-12}$$

进而计算出横撑在弯曲载荷下的曲率半径 ρ_2，则其受到的弯曲载荷可表示为

$$M_{2V-L} = \frac{E_2 I_2}{\rho_2} \tag{3-13}$$

经过计算，目标平台横撑承受的拉伸载荷约占中纵剖面横向拉伸载荷的 4.16%，承受的垂向弯曲载荷约占中纵剖面垂向弯曲载荷的 2.78%；生存工况下平台横撑承受的受拉伸载荷为 $2.71 \times 10^6 \mathrm{N}$，承受的弯曲载荷为 $23.41 \times 10^6 \mathrm{N \cdot m}$。

第4章　半潜式平台横撑断裂分析

深水半潜式平台箱型甲板、立柱、浮体以及水平横撑在环境载荷作用下将承担不同的载荷，就结构特征和承载的载荷而言，水平横撑为半潜式平台最为薄弱的环节，一旦水平横撑发生断裂失效必将引起其他构件过载，给平台整体安全性能带来严重隐患。

根据深水半潜式平台横撑结构的几何尺度特征，其轴向尺寸远大于截面径向尺寸，多属于中长圆柱壳的范畴。对于中长圆柱壳，除了在两端边界附近存在边界效应或者可能存在扁壳效应状态外，基本应力状态不再是无矩状态，而是半无矩状态，即圆柱壳的轴向以无矩状态为主，周向则是弯曲与无矩状态同时存在。

这类问题的通常解法是根据实际问题，通过主要力学量级分析进行渐进展开求解，即通过边界效应定解方程、可能存在的扁壳效应定解方程、半无矩理论定解方程及渐进匹配来获得近似解[76-78]。

20 世纪，Sanders 提出了一套中长圆柱壳理论[79]，该理论通过一系列的变量转换及基于应力函数的边界条件推导，使问题的求解难度大大降低，尤其适合于处理复杂边界条件问题。

本章基于 Sanders 半膜力理论及 Dugdale 模型，建立与平台立柱连接部位横撑存在周向穿透裂纹时在拉伸载荷和弯曲载荷作用下的弹塑性解，同时导出裂纹张开位移的解析表达式。

4.1　横撑断裂特征

4.1.1　横撑裂纹易发部位

深水浮式平台所处的环境恶劣，平台需要在风、浪、流等复杂多变的海洋环境下长期作业。在此期间，半潜式平台各构件将遭受极其复杂的载荷，其安全性受到巨大的考验。而半潜式平台某一构件一旦失效破坏，势必会对整体平台结构安全性带来严重影响，甚至导致整个平台破坏失效，造成严重的财产损失与环境污染，也会危及平台作业人员的生命安全。

新一代半潜式平台逐步发展成为双浮体对称立柱结构，并采用更大结构尺寸的浮体和立柱，足以承受恶劣海况的冲击。但连接浮体或立柱结构的水平横撑尺寸依然较小，且承受较复杂的载荷；特别是当平台遭遇横浪作用时，水平横撑将承受横向分离力和垂向弯曲载荷的共同作用。

因此，半潜式平台水平横撑结构具有足够的安全性对整个平台的安全显得更为重要。通常情况下，半潜式平台在环境载荷综合作用下，水平横撑的最大应力主要集中在水平横撑与浮体或立柱的连接部位（如图4-1），这也是横撑构件最易出现断裂损伤的区域（如图4-2）。

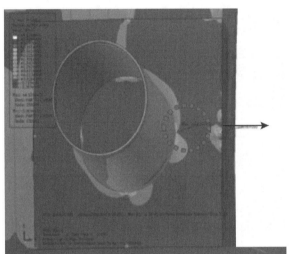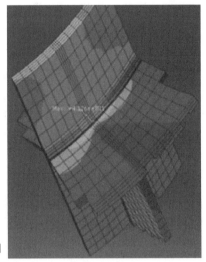

图 4-1　横撑结构应力集中部位

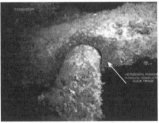

图 4-2　横撑构件在连接位置出现裂纹、失效断裂

平台水平横撑对于整体平台本身而言，虽然为小结构构件，但由于其承担了半潜式平台以水平分离力为主的载荷，其破坏失效后可能导致整个半潜式平台的整体破坏失效；一旦水平横撑失效，必将载荷转移到半潜式平台上层甲板及立柱等其他主要构件；当载荷超过这些主要构件的承载极限时，必将导致平台整体更为严重的破坏事故。很多半潜式平台的严重事故均是由于横撑这类细小结构连接部位出现断裂而引起的，如图1-7～图1-10所示。

4.1.2　载荷分析

半潜式平台撑杆结构的主要作用是把上层甲板、立柱和浮体三者连接成一个空间钢架结构，同时有效地将上部载荷传递到平台的立柱和浮体之上。随着半潜式平台使用材料性能的提高和平台结构形式的优化，新一代半潜式平台均采用大立柱结构，尽量减少横撑数量。

半潜式平台各部分结构分别承担不同的载荷分配，由于横撑构件是横向连接在平台浮体或立柱之间的细长结构，主要承担平台横向水平分离力和弯曲载荷的作用。当平台遭遇横浪（浪向角为 90°）时，水平横撑将遭受最大水平横向分离力（如图 4-3），而且水平横撑还会分担甲板承受的部分弯矩载荷。

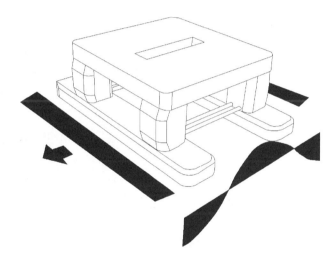

图 4-3　平台横向水平分离力示意图

由于圆形截面构件具有良好的综合性能，各种平台大多采用它作为支撑构件。在环境载荷作用下，平台横撑与立柱或浮体连接处容易产生应力集中，这些部位更容易产生断裂破坏。

4.1.3　横撑裂纹类型

就半潜式平台横撑构件裂纹形态来看，主要分为穿透裂纹和未穿透裂纹。从 Alexander Keilland 半潜式平台倾覆事故的调查报告[80-82]中可以看出，导致平台最终倾覆的水平横撑（D-6）在最终断裂之前，裂纹已经扩展到横撑周长的 2/3 左右（图 4-4）。因此，需要重点研究半潜式平台水平横撑的穿透裂纹。

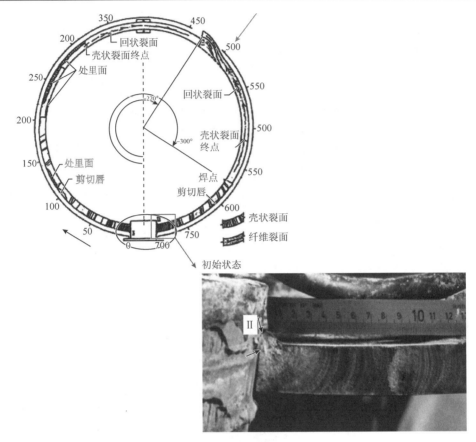

图 4-4　横撑构件断裂截面

4.2　含裂纹横撑断裂分析

4.2.1　断裂解析模型

新一代半潜式平台横撑通常与立柱或浮体等刚度很大的构件连接，可以认为水平横撑是刚性固接在立柱或浮体之上。

本书建立的受到水平分离力和弯曲载荷作用下含有穿透裂纹水平横撑的解析模型如图 4-5 所示。横撑半径为 R、厚度为 h，承受水平分离力 T 和弯曲载荷 M 作用，方向为使裂纹张开方向，在载荷作用的另一端边界为刚性固定约束。假设裂纹对应的圆心角为 2α，将轴向坐标 $z=0$ 处设置在裂纹截面，距离裂纹截面的轴向距离为 zR。

设无量纲横撑构件的拉压应力为 σ_T，无量纲弯曲应力为 σ_B，其与水平分离力 T 和弯曲载荷 M 的关系分别为

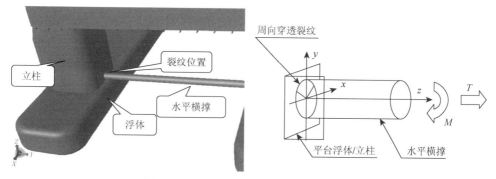

图 4-5　半潜式平台含裂纹横撑解析模型

$$\sigma_T = \frac{T}{2\pi R h \sigma_Y} \tag{4-1}$$

$$\sigma_B = \frac{M}{\pi R^2 h \sigma_Y} \tag{4-2}$$

式中，σ_Y——材料的屈服应力。

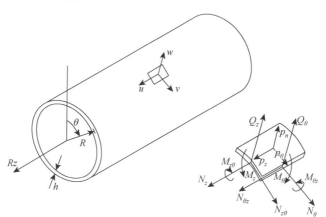

图 4-6　横撑构件坐标、位移和内力素正方向

设 z、θ 分别为无量纲横撑构件轴向和周向坐标，相应的有量纲横撑构件曲面坐标为 Rz、$R\theta$。将有量纲参数中面位移（$\overline{u}$，$\overline{v}$，$\overline{w}$）、Goldenveizer 应力函数（$\overline{\chi_z}$，$\overline{\chi_\theta}$，$\overline{\zeta}$）、内力（$\overline{N_z}$，$\overline{N_\theta}$，$\overline{N_{z\theta}}$）和内力矩（$\overline{M_z}$，$\overline{M_\theta}$，$\overline{M_{z\theta}}$）进行量纲归一化处理，得到横撑构件坐标、中面位移和内力素正方向，如图 4-6 所示，其表达式分别如下：

$$\begin{cases} (\overline{u},\ \overline{v},\ \overline{w}) = \dfrac{\sigma_Y R}{E}(u,\ v,\ \varepsilon^{-2}w) \\[2mm] (\overline{\chi_z},\ \overline{\chi_\theta},\ \overline{\zeta}) = \sigma R^2 h \varepsilon^2 (\chi_z,\ \chi_\theta,\ \varepsilon^{-2}\zeta) \\[2mm] (\overline{N_z},\ \overline{N_\theta},\ \overline{N_{z\theta}}) = \sigma_Y h (N_z,\ N_\theta,\ N_{z\theta}) \\[2mm] (\overline{M_z},\ \overline{M_\theta},\ \overline{M_{z\theta}}) = \sigma_Y R h \varepsilon^2 (M_z,\ M_\theta,\ M_{z\theta}) \end{cases} \tag{4-3}$$

式中，（‾）——有量纲量；

　　　　E——杨氏模量；

　　　　ε——关于横撑几何特征的小参数：

$$\varepsilon^2 = (h/R)[12(1-\mu^2)]^{-0.5}$$

其中，μ——泊松比。

4.2.2　断裂模型控制方程

Simmonds[83, 84]从圆柱壳基本方程出发，利用静力几何比拟，针对不同的本构关系，将圆柱壳控制方程以复位移应力函数 $\Omega = w + \mathrm{i}\psi$ 的形式统一表达为

$$\nabla^4 \Omega + \frac{\partial^2 \Omega}{\partial \theta^2} - \mathrm{i}\varepsilon^{-2}(1+\mathrm{i}\varepsilon^2 c)\frac{\partial^2 \Omega}{\partial z^2} = 0 \tag{4-4}$$

Simmonds 指出上述方程是基于 Kirchhoff-Love 假定的圆柱壳精确方程，其误差等级为薄壳理论本身的误差等级。

由于圆柱壳的几何特性、载荷状况和边界条件等因素的影响，圆柱壳结构中的应力状态沿轴向和周向有快、慢之分。Sanders 通过渐进分析的方法，根据圆柱壳的应力状态沿轴向和周向的变化快慢，将 Simmonds 提出的圆柱壳控制方程的完整解分为半膜力状态、边界效应状态和扁壳效应状态。

通常认为，圆柱壳中裂纹的长度决定了裂纹周围的应力状态。对于短裂纹，其影响范围与裂纹的长度在同一个量级，裂纹周围的应力状态主要是扁壳效应状态。对于圆柱壳中的较长裂纹，除了裂纹尖端附近极小区域外，应力状态在周向为慢变化，可不考虑扁壳效应的影响。

研究半潜式平台水平横撑穿透裂纹，其解析模型的求解可直接从半膜力状态控制方程入手，即

$$\frac{\partial^2}{\partial \theta^2}\left(\frac{\partial^2 \Omega}{\partial \theta^2} + \Omega\right) - \mathrm{i}\varepsilon^{-2}\frac{\partial^2 \Omega}{\partial z^2} = 0 \tag{4-5}$$

根据 Sanders 圆柱壳分析理论，设复特征函数 Φ、φ 均分别满足控制方程，且 $\dfrac{\partial^2 \Phi}{\partial z^2} = \varepsilon^2 \varphi$。则在半膜力状态下，位移、Goldenveizer 应力函数和内力素可由复特征函数 Φ、φ 分别表示为

$$\begin{cases} \varepsilon^2 u = \dfrac{\partial}{\partial z}\left(\dfrac{\partial^2 \Phi}{\partial \theta^2}\right) \\[3mm] \varepsilon^2 v = -\dfrac{\partial^3 \Phi}{\partial \theta^3} \\[3mm] w = -\dfrac{\partial^2 \Phi}{\partial \theta^2} + \mathrm{i}\varphi \end{cases} \tag{4-6}$$

$$\begin{cases} \varepsilon^2 \chi_z = -\mathrm{i}\dfrac{\partial}{\partial z}\left(\dfrac{\partial^2 \Phi}{\partial \theta^2}\right) \\[2mm] \varepsilon^2 \chi_\theta = -\mathrm{i}\dfrac{\partial^3 \Phi}{\partial \theta^3} \\[2mm] \psi = -\mathrm{i}\dfrac{\partial^2 \Phi}{\partial \theta^2} + \varphi \end{cases} \quad (4\text{-}7)$$

$$\begin{cases} N_z = \dfrac{\partial^2 \varphi}{\partial \theta^2} \\[2mm] N_\theta = \dfrac{\partial^2 \varphi}{\partial z^2} \\[2mm] N_{z\theta} = -\dfrac{\partial}{\partial z}\left(\dfrac{\partial \varphi}{\partial \theta}\right) \end{cases} \quad (4\text{-}8)$$

$$\begin{cases} M_z = -\mathrm{i}\left(\dfrac{\partial^2 \varphi}{\partial z^2} + \mu\dfrac{\partial^2 \varphi}{\partial \theta^2}\right) \\[2mm] M_\theta = -\mathrm{i}\left(\dfrac{\partial^2 \varphi}{\partial \theta^2} + \mu\dfrac{\partial^2 \varphi}{\partial z^2}\right) \\[2mm] M_{z\theta} = -\mathrm{i}(1-\mu)\dfrac{\partial}{\partial z}\left(\dfrac{\partial \varphi}{\partial \theta}\right) \end{cases} \quad (4\text{-}9)$$

从物理意义上来讲，上述半膜力解应包含轴向拉伸解、弯曲解、不产生位移的零解和不产生应力的刚体位移解等基本解成分，且半膜力解在无穷远处应该收敛于这些基本解。

对于所分析的含裂纹水平横撑结构，这些基本解可以理解为不含裂纹的圆柱壳解，其余的解可以理解为由于裂纹存在而产生的特解，特解在无穷远处应该趋近于零。

在半膜力状态下，位移、Goldenveizer 应力函数和内力素等物理量的特征函数表达式中均不含 Φ、$\dfrac{\partial \Phi}{\partial \theta}$ 两项；因此，对于特征函数 Φ，只需得出 $\dfrac{\partial^2 \Phi}{\partial \theta^2}$ 项即可求得问题解的表达。

根据 Nicholson 的结论[85, 86]，圆柱壳构件受到轴向拉伸（或压缩）的轴向拉伸解、受到纯弯曲载荷作用时的弯曲解、不产生位移的零解和不产生应力的刚体位移解为

$$\frac{\partial^2 \Phi_T}{\partial \theta^2} = \{0.5\mathrm{i}[1 + \mathrm{i}\varepsilon^2(2+\mu)]\theta^2 + (1 + \mathrm{i}\varepsilon^2\mu)(0.5\varepsilon^2 z^2 - \mathrm{i})\}\sigma_T \quad (4\text{-}10)$$

$$\frac{\partial^2 \Phi_B}{\partial \theta^2} = [(0.5\varepsilon^2 z^2 + \mathrm{i})\cos\theta - 0.5\mathrm{i}\theta\sin\theta]\sigma_B \quad (4\text{-}11)$$

$$\frac{\partial^2 \Phi_N}{\partial \theta^2} = \mathrm{i}a(1 + 2\mathrm{i}\varepsilon^2) \quad (4\text{-}12)$$

$$\frac{\partial^2 \Phi_R}{\partial \theta^2} = -\varepsilon bz(1+2i\varepsilon^2) + ic\cos\theta + \varepsilon dz\cos\theta \tag{4-13}$$

式中，a、b、c、d——未知复常数，其中 b 和 c 分别表征圆柱壳沿轴向和横向的平动，而 d 则反映了圆柱壳绕 $\theta = \pi/2$ 所在的轴转动；

下标 T——轴向拉伸解；

下标 B——弯曲解；

下标 N——零解；

下标 R——刚体位移解。

因此，解析模型的完整解可表示为

$$\frac{\partial^2 \Phi_C}{\partial \theta^2} = \frac{\partial^2 \Phi_B}{\partial \theta^2} + \frac{\partial^2 \Phi_T}{\partial \theta^2} + \frac{\partial^2 \Phi_N}{\partial \theta^2} + \frac{\partial^2 \Phi_R}{\partial \theta^2} + \frac{\partial^2 \Phi_S}{\partial \theta^2} \tag{4-14}$$

式中，下标 C——解析模型的完整解；

下标 S——由于裂纹存在而产生的特解。

上述解析模型的求解核心，即为怎样得出解析模型的特解。

4.2.3 横撑断裂模型边界条件

由于水平横撑出现较长穿透裂纹的位置通常在横撑与立柱或浮体等刚度远大于横撑等部件的连接部位，横撑含裂纹截面实际上存在变形约束的影响；相对于内外表面应力变化非常小的含相同穿透裂纹不受刚性固定约束的截面来说，上述解析模型裂纹截面存在非膜力状态将不可避免。

利用弹塑性有限元方法，分析含有周向穿透裂纹圆柱筒在不同约束条件下裂纹前段区域的应力分布[87-90]可知，平面应力状态下即使裂纹截面边界受到刚性约束，裂纹前端的塑性区域中膜力状态仍是主要组成部分。

由于水平横撑结构属于薄板壳结构类型，即一般为平面应力状态，从 Dugdale 模型决定裂纹尖端开口位移的定义来讲，按横撑径向厚度全断面进入塑性作为裂纹前端塑性长度的测量是合理的。

鉴于海洋工程结构物广泛使用高韧性材料，半潜式平台含裂纹水平横撑结构在外力作用下，裂纹尖端在裂纹扩展时必将出现较大范围的塑性区，详细研究控制裂纹断裂特性的 J 积分、裂尖张开位移（CTOD）和裂尖张开角（CTOA）等断裂参数是必要的[91]。

由于 CTOD 是一个位移量，与控制裂纹变化的应变特征有着更为直接的联系；另一方面，基于 Dugdale 模型的求解是目前常用的方法之一，该方法通过线性结果再组合，可以比较方便地获取 CTOD 的解。

基于以上考虑，本书利用 Dugdale 模型描述裂纹前端的塑性区域。同样，当横撑在足够大的载荷（特别是弯曲载荷）作用下，裂纹截面受压一侧则可能出现塑性压应力。在横撑裂纹截面受拉伸载荷一侧的裂纹前端引入 Dugdale 模型，其塑性长度用 $(\beta-\alpha)$ 区域来表示；相对于裂纹可能出现塑性压应力的另一侧，用 $(\pi-\gamma)$ 区域来表示；弹性区域则用 $(\gamma-\beta)$ 区域来表示，如图 4-7 所示。

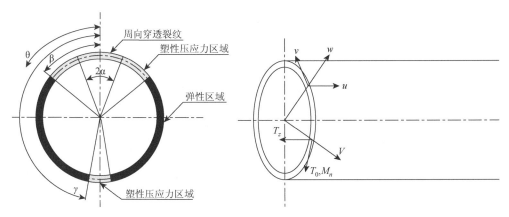

图 4-7　横撑裂纹截面弹塑性模型　　　　图 4-8　平台横撑的 Kirchhoff 载荷方向

解析模型边界曲线所在截面垂直于横撑构件的轴向，对于裂纹截面上的边界，由中面位移 $(u,\ v,\ w)$ 和应力函数边界条件确定，用 Kirchhoff 边界载荷 $(T_z,\ T_\theta,\ V,\ M_n)$ 来描述。

（1）裂纹截面周向穿透裂纹区域 $(0 \leqslant \theta < \alpha)$ 为自由表面区域，无任何作用力，边界载荷为零，即

$$T_z = T_\theta = V = M_n = 0 \tag{4-15}$$

（2）裂纹截面塑性拉应力区域 $(\alpha \leqslant \theta < \beta)$ 为 Dugdale 塑性受拉，沿板厚方向均匀分布，大小为材料屈服应力的拉应力；且该区域受到刚性约束限制，周向位移应该为零；因此，该区域的边界条件可表示为

$$v = 0,\ T_z = 1,\ V = M_n = 0 \tag{4-16}$$

（3）裂纹截面弹性区域 $(\beta \leqslant \theta < \gamma)$ 属于刚性固定边界，则有

$$u = v = w = \frac{\partial w}{\partial z} = 0 \tag{4-17}$$

（4）对于裂纹截面塑性压应力区域 $(\gamma \leqslant \theta \leqslant \pi)$，沿板厚方向均匀分布，大小为材料屈服应力的压应力；参考裂纹截面塑性拉应力区域边界条件，该区域边界条件可表示为

$$v = 0,\ T_z = -1,\ V = M_n = 0 \tag{4-18}$$

由于中面位移与应力函数之间存在几何静力比拟关系，中面位移和内力素可由复特征函数的高阶导数表示。为了使裂纹截面边界条件的处理更为简单，采用 Sanders 通过严格数学推导得到的经典 Kirchhoff 边界载荷 $(T_z,\ T_\theta,\ V,\ M_n)$

与应力函数进行等效转换的方法[92, 93]，进行边界载荷与应力函数的等效转换，其表达式为

$$\varepsilon^2 \chi_z = \sin\theta \int_{\theta_{\min}}^{\theta} (T_\theta \sin\eta + \varepsilon^2 V \cos\eta) \mathrm{d}\eta + \cos\theta \int_{\theta_{\min}}^{\theta} (T_\theta \cos\eta - \varepsilon^2 V \sin\eta) \mathrm{d}\eta - \int_{\theta_{\min}}^{\theta} T_\theta \mathrm{d}\eta$$

（4-19）

$$\varepsilon^2 \chi_\theta = \sin\theta \int_{\theta_{\min}}^{\theta} (T_z + \varepsilon^2 M_n) \sin\eta \mathrm{d}\eta + \cos\theta \int_{\theta_{\min}}^{\theta} (T_z + \varepsilon^2 M_n) \cos\eta \mathrm{d}\eta - \int_{\theta_{\min}}^{\theta} T_z \mathrm{d}\eta \quad （4-20）$$

$$\psi = \sin\theta \int_{\theta_{\min}}^{\theta} (T_z + \varepsilon^2 M_n) \cos\eta \mathrm{d}\eta + \cos\theta \int_{\theta_{\min}}^{\theta} (T_z + \varepsilon^2 M_n) \sin\eta \mathrm{d}\eta \quad （4-21）$$

$$\frac{\partial \psi}{\partial z} = -\sin\theta \int_{\theta_{\min}}^{\theta} (T_\theta \sin\eta + \varepsilon^2 V \cos\eta) \mathrm{d}\eta - \cos\theta \int_{\theta_{\min}}^{\theta} (T_\theta - \varepsilon^2 V \sin\eta) \mathrm{d}\eta \quad （4-22）$$

（1）裂纹截面周向穿透裂纹区域$(0 \leq \theta < \alpha)$边界载荷等效转换：

$$\varepsilon^2 \chi_z = \sin\theta \int_0^{\theta} (0 \times \sin\eta + \varepsilon^2 \times 0 \times \cos\eta) \mathrm{d}\eta + \cos\theta \int_0^{\theta} (0 \times \cos\eta - \varepsilon^2 \times 0 \times \sin\eta) \mathrm{d}\eta - \int_0^{\theta} 0 \mathrm{d}\eta = 0$$

$$\varepsilon^2 \chi_\theta = \sin\theta \int_0^{\theta} (0 + \varepsilon^2 \times 0) \sin\eta \mathrm{d}\eta + \cos\theta \int_0^{\theta} (0 + \varepsilon^2 \times 0) \cos\eta \mathrm{d}\eta - \int_0^{\theta} 0 \mathrm{d}\eta = 0$$

即

$$\begin{cases} \chi_z = 0 \\ \chi_\theta = 0 \end{cases} \quad （4-23）$$

（2）裂纹截面塑性拉应力区域$(\alpha \leq \theta < \beta)$边界载荷等效转换：

$$\varepsilon^2 \chi_\theta = \sin\theta \int_\alpha^{\theta} \left(1 + \varepsilon^2 \times 0\right) \sin\eta \mathrm{d}\eta + \cos\theta \int_\alpha^{\theta} \left(1 + \varepsilon^2 \times 0\right) \cos\eta \mathrm{d}\eta - \int_\alpha^{\theta} 1 \mathrm{d}\eta$$

$$= \sin(\theta - \alpha) - (\theta - \alpha)$$

即

$$\varepsilon^2 \chi_\theta = \sin(\theta - \alpha) - (\theta - \alpha) \quad （4-24）$$

（3）裂纹截面弹性区域$(\beta \leq \theta < \gamma)$的边界条件均采用位移分量描述见式（4-39）。

（4）裂纹截面塑性压应力区域$(\gamma \leq \theta \leq \pi)$边界载荷等效转换：

$$\varepsilon^2 \chi_\theta = \sin\theta \int_0^{\pi} T_z \sin\eta \mathrm{d}\eta + \cos\theta \int_0^{\pi} T_z \cos\eta \mathrm{d}\eta - \int_0^{\pi} T_z \mathrm{d}\eta + \sin\theta \int_\theta^{\pi} \sin\eta \mathrm{d}\eta$$

$$+ \cos\theta \int_\theta^{\pi} T_z \cos\eta \mathrm{d}\eta - \int_\theta^{\pi} T_z \mathrm{d}\eta$$

由静力平衡条件，有如下关系式：

$$\begin{cases} \int_0^{\pi} T_z \mathrm{d}\eta = \pi \sigma_T \\ \int_0^{\pi} T_z \cos\eta \mathrm{d}\eta = 0.5\pi \sigma_B \end{cases} \quad （4-25）$$

因此，

$$\varepsilon^2 \chi_\theta = 0.5\pi \sigma_B \cos\theta - \pi \sigma_T + \sin\theta + \sin\theta \int_0^{\pi} T_z \sin\eta \mathrm{d}\eta - (\pi - \theta) \quad （4-26）$$

综上所述，含周向穿透裂纹横撑裂纹截面边界条件由截面位移和应力函数表述为

（1）穿透裂纹区域（$0 \leqslant \theta < \alpha$）：

$$\chi_z = 0, \quad \chi_\theta = 0 \tag{4-27}$$

（2）塑性拉应力区域（$\alpha \leqslant \theta < \beta$）：

$$v = 0, \quad \varepsilon^2 \chi_\theta = \sin(\theta - \alpha) - (\theta - \alpha) \tag{4-28}$$

（3）弹性区域（$\beta \leqslant \theta < \gamma$）：

$$v = 0, \quad u = 0 \tag{4-29}$$

（4）塑性压应力区域（$\gamma \leqslant \theta \leqslant \pi$）：

$$v = 0, \quad \varepsilon^2 \chi_\theta = 0.5\pi\sigma_B \cos\theta - \pi\sigma_T + \sin\theta + G_1 \sin\theta - (\pi - \theta) \tag{4-30}$$

式中，$G_1 = \int_0^\pi T_z \sin\eta \, \mathrm{d}\eta$ 为积分常数。

由于位移和应力函数均可由复特征函数的高阶导数表示，为方便解析模型的求解，将上述裂纹截面边界条件带入位移和应力函数的复特征函数关系式，边界条件统一为复特征函数的表达形式，并对 θ 进行积分，可得

（1）穿透裂纹区域（$0 \leqslant \theta < \alpha$）：

$$R\left\{ i\frac{\partial}{\partial z}\left(\frac{\partial^2 \Phi_C}{\partial \theta^2} \right) \right\} = 0 \tag{4-31}$$

$$R\left\{ i\frac{\partial^2 \Phi_C}{\partial \theta^2} \right\} = 0 \tag{4-32}$$

（2）塑性拉应力区域（$\alpha \leqslant \theta < \beta$）：

$$R\left\{ \frac{\partial^2 \Phi_C}{\partial \theta^2} \right\} = 0 \tag{4-33}$$

$$R\left\{ i\frac{\partial^2 \Phi_C}{\partial \theta^2} \right\} = -\cos(\theta - \alpha) - 0.5(\theta - \alpha)^2 + 1 \tag{4-34}$$

（3）弹性区域（$\beta \leqslant \theta < \gamma$）：

$$R\left\{ \frac{\partial}{\partial z}\left(\frac{\partial^2 \Phi_C}{\partial \theta^2} \right) \right\} = 0 \tag{4-35}$$

$$R\left\{ \frac{\partial^2 \Phi_C}{\partial \theta^2} \right\} = 0 \tag{4-36}$$

（4）塑性压应力区域（$\gamma \leqslant \theta \leqslant \pi$）：

$$R\left\{\frac{\partial^2 \Phi_C}{\partial \theta^2}\right\} = 0 \tag{4-37}$$

$$R\left\{i\frac{\partial^2 \Phi_C}{\partial \theta^2}\right\} = 0.5\pi\sigma_B \sin\theta - \pi\sigma_T\theta - \cos\theta - G_1\cos\theta + 0.5(\theta - \alpha)^2 - 1 + G_2 \tag{4-38}$$

式中，$R\{\ \}$——取括弧内变量的实部；

G_2——积分常数。

由于解析模型的最终目的是解决由于裂纹存在所产生的特解，将上述完整解复特征函数表达的边界条件带入基本控制方程中的完整解表达式，并通过一系列的公式推导，即可获得边界条件由裂纹存在所产生的特解复特征函数表达形式。现以裂纹截面周向穿透裂纹区域（$0 \leqslant \theta < \alpha$）为例，对推导过程进行简要说明。

对周向拉伸解、圆柱壳构件在受到纯弯曲载荷作用时的弯曲解、不产生位移的零解和不产生应力的刚体位移解进行微分变换处理，得到

$$\frac{\partial}{\partial z}\left(\frac{\partial^2 \Phi_T}{\partial \theta^2}\right) = \{0.5i[1 + i\varepsilon^2(2 + \mu)]\theta^2 + \varepsilon z(1 + i\varepsilon^2\mu)\}\sigma_T \tag{4-39}$$

$$\frac{\partial}{\partial z}\left(\frac{\partial^2 \Phi_B}{\partial \theta^2}\right) = \varepsilon^2 z\sigma_B \tag{4-40}$$

$$\frac{\partial}{\partial z}\left(\frac{\partial^2 \Phi_N}{\partial \theta^2}\right) = 0 \tag{4-41}$$

$$\frac{\partial}{\partial z}\left(\frac{\partial^2 \Phi_R}{\partial \theta^2}\right) = -\varepsilon b(1 + 2i\varepsilon^2) + \varepsilon d\cos\theta \tag{4-42}$$

将上述分量解表达式带入横撑结构含裂纹截面完整解，并适量化简可得

$$-i\varepsilon b + i\varepsilon d + i\frac{\partial}{\partial z}\left(\frac{\partial^2 \Phi_S}{\partial \theta^2}\right) = i\frac{\partial}{\partial z}\left(\frac{\partial^2 \Phi_C}{\partial \theta^2}\right) \tag{4-43}$$

将上式带入完整解复特征函数边界条件表达式，并取具有物理意义的实部，得

$$R\left\{i\frac{\partial}{\partial z}\left(\frac{\partial^2 \Phi_S}{\partial \theta^2}\right)\right\} = -\varepsilon b_I + \varepsilon d_I \cos\theta \tag{4-44}$$

将周向拉伸解、弯曲解、零解和刚体位移解表达式带入横撑结构含裂纹截面完整解，并进行适量化简，得

$$-a - c\cos\theta - (1 - 0.5\theta^2)\sigma_T - 0.5(2\cos\theta + \theta\sin\theta)\sigma_B + i\frac{\partial^2 \Phi_S}{\partial \theta^2} = i\frac{\partial^2 \Phi_C}{\partial \theta^2} \tag{4-45}$$

将上式带入完整解复特征函数边界条件表达式，并取具有物理意义的实部，得

$$R\left\{i\frac{\partial^2 \Phi_S}{\partial \theta^2}\right\} = a_R + c_R\cos\theta + (1 - 0.5\theta^2)\sigma_T + 0.5(2\cos\theta - \theta\sin\theta)\sigma_B \tag{4-46}$$

通过采用上述类似的推导，得含裂纹横撑裂纹截面其他区域边界条件以裂纹特解复特征函数的表达形式：

（1）穿透裂纹区域（$0 \leqslant \theta < \alpha$）：

$$R\left\{\mathrm{i}\frac{\partial}{\partial z}\left(\frac{\partial^2 \Phi_S}{\partial \theta^2}\right)\right\} = -\varepsilon b_I + \varepsilon d_I \cos\theta \tag{4-47}$$

$$R\left\{\mathrm{i}\frac{\partial^2 \Phi_S}{\partial \theta^2}\right\} = a_R + c_R \cos\theta + (1-0.5\theta^2)\sigma_T + 0.5(2\cos\theta - \theta\sin\theta)\sigma_B \tag{4-48}$$

（2）塑性拉应力区域（$\alpha \leqslant \theta < \beta$）：

$$R\left\{\frac{\partial^2 \Phi_S}{\partial \theta^2}\right\} = a_I + c_I \cos\theta \tag{4-49}$$

$$\begin{aligned} R\left\{\mathrm{i}\frac{\partial^2 \Phi_S}{\partial \theta^2}\right\} &= a_R + c_R \cos\theta + (1-0.5\theta^2)\sigma_T + 0.5(2\cos\theta - \theta\sin\theta)\sigma_B \\ &\quad - \cos(\theta-\alpha) - 0.5(\theta-\alpha)^2 + 1 \end{aligned} \tag{4-50}$$

（3）弹性区域（$\beta \leqslant \theta < \gamma$）：

$$R\left\{\frac{\partial}{\partial z}\left(\frac{\partial^2 \Phi_S}{\partial \theta^2}\right)\right\} = \varepsilon b_R - \varepsilon d_R \cos\theta \tag{4-51}$$

$$R\left\{\frac{\partial^2 \Phi_S}{\partial \theta^2}\right\} = a_I + c_I \cos\theta \tag{4-52}$$

（4）塑性压应力区域（$\gamma \leqslant \theta \leqslant \pi$）：

$$R\left\{\frac{\partial^2 \Phi_S}{\partial \theta^2}\right\} = a_I + c_I \cos\theta \tag{4-53}$$

$$\begin{aligned} R\left\{\mathrm{i}\frac{\partial^2 \Phi_S}{\partial \theta^2}\right\} &= a_R + G_2 + (c_R - G_1)\cos\theta \\ &\quad + [\pi(\pi-\theta) + (0.5\theta^2 - 1)]\sigma_T \\ &\quad + [\cos\theta + 0.5(\pi-\theta)\sin\theta]\sigma_B - \cos\theta \\ &\quad + 0.5(\pi-\theta)^2 - 1 \end{aligned} \tag{4-54}$$

式中，下标 R 和 I——分别代表复常数的实部和虚部。

由于裂纹截面特解为关于角度 θ 的函数，而裂纹特解边界条件和控制方程均为关于复特征函数的高阶表达形似，为方便计算，提出如下假设：

$$\frac{\partial^2}{\partial \theta^2}\Phi_S(0,\ \theta) = F(\theta) \tag{4-55}$$

另外，Budiansky 等[94-96]通过半膜力状态下的 Fourier 级数解形式对坐标 z 求一阶导数可以得出以下关系式：

$$\frac{\partial}{\partial z}\left(\frac{\partial^2 \Phi}{\partial \theta^2}\right) = -i^{1.5}\varepsilon \frac{\partial^2}{\partial \theta^2}\left(\frac{\partial^2 \Phi}{\partial \theta^2} + 0.5\Phi\right) \tag{4-56}$$

将其带入上述假设，即

$$\frac{\partial}{\partial z}\left(\frac{\partial^2 \Phi_S}{\partial \theta^2}\right) = -i^{1.5}\varepsilon(F'' + 0.5F) \tag{4-57}$$

将上式带入裂纹截面由复特征函数形式的边界条件，即可将其转化为关于一元函数 $F(\theta)$ 的形式。

同样，以裂纹截面周向穿透裂纹区域 $(0 \le \theta < \alpha)$ 为例，对推导过程进行简单说明。

（1）对于一元函数 $F(\theta)$ 的虚部，有

$$R\left\{i\frac{\partial^2 \Phi_S}{\partial \theta^2}\right\} = R\{iF\} = -F_I \tag{4-58}$$

带入复特征函数 Φ_S 形式裂纹截面边界条件，得

$$F_I = -(a_R + c_R\cos\theta) - (0.5\theta^2 - 1)\sigma_T - (\cos\theta - 0.5\theta\sin\theta)\sigma_B \tag{4-59}$$

（2）对于一元函数 $F(\theta)$ 的实部，先将裂纹截面边界条件 Φ_S 复特征函数形式进行适当化简，并带入边界条件，得

$$-\varepsilon b_I + \varepsilon d_I\cos\theta = R\left\{i\frac{\partial}{\partial z}\left(\frac{\partial^2 \Phi_S}{\partial \theta^2}\right)\right\} = R\{i^{0.5}\varepsilon(F'' + 0.5F)\} = R\left\{\frac{\varepsilon}{\sqrt{2}}(1+i)(F'' + 0.5F)\right\} \tag{4-60}$$

即

$$-\sqrt{2}b_I + \sqrt{2}d_I\cos\theta = F_R'' + 0.5F_R - F_I'' - 0.5F_I \tag{4-61}$$

由于一元复函数 $F(\theta)$ 的虚部 F_I 已知，其二阶导数容易求得。因此，对于一元复函数 $F(\theta)$ 的实部 F_R 的求解，即变为二阶常微分方程的求解问题，求得一元复函数 $F(\theta)$ 的实部为：

$$F_R = -(a_R + 2\sqrt{2}b_I) - (c_R + 2\sqrt{2}d_I)\cos\theta + S\cos\frac{\theta}{\sqrt{2}}$$
$$- (0.5\theta^2 - 1)\sigma_T - (\cos\theta - 0.5\theta\sin\theta)\sigma_B \tag{4-62}$$

因此，裂纹截面周向穿透裂纹区域 $(0 \le \theta < \alpha)$ 的边界条件，以一元复函数 $F(\theta)$ 的表达形式为

$$F_R = -(a_R + 2\sqrt{2}b_I) - (c_R + 2\sqrt{2}d_I)\cos\theta + S\cos\frac{\theta}{\sqrt{2}}$$
$$- (0.5\theta^2 - 1)\sigma_T - (\cos\theta - 0.5\theta\sin\theta)\sigma_B \tag{4-63}$$

$$F_I = -(a_R + c_R\cos\theta) - (0.5\theta^2 - 1)\sigma_T - (\cos\theta - 0.5\theta\sin\theta)\sigma_B \tag{4-64}$$

采用同样的方法，可以推导出横撑截面其他区域的边界条件以一元复函数

$F(\theta)$ 的表达形式。

裂纹截面塑性拉应力区域 $(\alpha \leqslant \theta < \beta)$ 边界条件：

$$F_R = a_I + c_I \cos\theta \tag{4-65}$$

$$F_I = -(a_R + c_R \cos\theta) - (0.5\theta^2 - 1)\sigma_T - (\cos\theta - 0.5\theta\sin\theta)\sigma_B$$
$$+ \cos(\theta - \alpha) + 0.5(\theta - \alpha)^2 - 1 \tag{4-66}$$

裂纹截面弹性区域 $(\beta \leqslant \theta < \gamma)$ 边界条件：

$$F_R = a_I + c_I \cos\theta \tag{4-67}$$

$$F_I = 2\sqrt{2}b_R - a_I + (2\sqrt{2}b_R - c_I)\cos\theta + 2\sqrt{2}P\cos\frac{\theta - \beta}{\sqrt{2}}$$
$$+ 2\sqrt{2}Q\cos\frac{\theta - \beta}{\sqrt{2}} \tag{4-68}$$

裂纹截面塑性压应力区域 $(\gamma \leqslant \theta \leqslant \pi)$ 边界条件：

$$F_R = a_I + c_I \cos\theta \tag{4-69}$$

$$F_I = -[a_R + G_2 + (c_R - G_1)\cos\theta] - [\pi(\pi - \theta) + (0.5\theta^2 - 1)]\sigma_T$$
$$- [\cos\theta + 0.5(\pi - \theta)\sin\theta]\sigma_B + \cos\theta - 0.5(\pi - \theta)^2 + 1 \tag{4-70}$$

4.2.4　模型求解

在物理意义上，位移和应力函数在裂纹截面穿透裂纹区域、塑性拉应力区域、弹性区域和塑性压应力区域各相邻边界应是连续的，即 F_R、F_R'、F_R'' 在 α 处符合连续条件要求，且 F_I、F_I'、F_I'' 在 α、β 和 γ 处符合连续条件要求；裂纹截面塑性拉伸应力区域、压应力区域长度由 F_I''' 在 β 和 γ 的连续条件决定。根据简单验算，F_I、F_I'、F_I'' 在 α 处的连续条件自动满足。

值得注意的是，对于一元复函数 $F(\theta)$ 形式的边界条件的四阶导数，并没有考虑在 α、β 和 γ 处的连续条件，这是因为裂纹截面在这些点的应力成分可能是不连续的。例如，在实际裂纹尖端处，应力成分的不连续是自然的，而在其他两点的不连续性是由于本解析解仅取了半膜解所致，但并不破坏整体的平衡条件。

在半膜力状态下，Sanders 经过一系列数学推导，给出了满足圆柱壳复特征函数控制方程的 Fourier 级数解的形式[97]。由于在半膜力状态下，圆柱壳控制方程解在足够远处应收敛于基本解；另外，裂纹截面由于裂纹存在而产生的特解 $\dfrac{\partial^2 \Phi_S}{\partial \theta^2}$，在 $[-\pi, \pi]$ 范围内为偶函数。

因此，横撑裂纹截面的裂纹特解 Fourier 级数解形式中的 Fourier 系数，满足以下充分必要条件：

$$\int_0^\pi \frac{\partial^2}{\partial \theta^2}\Phi_S(0, \theta)\mathrm{d}\theta = 0 \tag{4-71}$$

$$\int_0^\pi \frac{\partial^2}{\partial \theta^2} \Phi_S(0, \ \theta) \cos\theta \mathrm{d}\theta = 0 \tag{4-72}$$

即，该充分必要条件的一元复函数 $F(\theta)$ 的等价形式有

$$\int_0^\pi (F'' + F) \mathrm{d}\theta = 0 \tag{4-73}$$

$$\int_0^\pi F'' \cos\theta \mathrm{d}\theta = 0 \tag{4-74}$$

由于上述两个等式中的实部和虚部均为零，由实部和虚部等式共有四个等式，结合连续条件和上述充要条件等效关系式，共有 15 个方程。

横撑裂解截面控制方程和边界条件中共有 15 个未知常数或表达式，包括决定 Dugdale 塑性区域范围的 β、决定塑性压应力区域长度的 γ 两个角度未知数，a、b、c、d 4 个未知复常数的实部和虚部，以及由积分产生的 G_1 和 G_2 和将边界条件转化为复函数 $F(\theta)$ 形式进行常微分方程求解时所产生的 S、P 和 Q 3 个实常数等。

因此，含周向穿透裂纹的横撑裂纹解析模型最终归结为求解含 15 个未知数的代数方程组。经过比较复杂的代数运算过程，得到上述问题的完整解：

$$S = \frac{2(\sin\alpha - \alpha\cos\alpha)\sigma_T + (\alpha - \sin\alpha\cos\alpha)\sigma_B}{\sqrt{2}\cos\alpha\sin\frac{\alpha}{\sqrt{2}} - \sin\alpha\cos\frac{\alpha}{\sqrt{2}}}$$

$$Q = (\pi - \gamma)(1 - \sigma_T) + \sigma_B\sin\gamma$$

$$P = \left(Q\cos\frac{\gamma - \beta}{\sqrt{2}} - \beta\sigma_T - \sigma_B\sin\beta + \beta - \alpha \right) \Big/ \sin\frac{\gamma - \beta}{\sqrt{2}}$$

$$G_1 = \{[-\beta\sigma_T - 0.5(7\sin\beta + \beta\cos\beta)\sigma_B + \sin(\beta - \alpha) + \beta - \alpha]\cos\gamma/\sin\beta$$
$$+ \sqrt{2}P - \sigma_T + [2\cos\gamma + 0.5(\pi - \gamma)\sin\gamma]\sigma_B - \cos\gamma - 1\}/\cos\gamma$$

$$G_2 = \sqrt{2}\left(P\cos\frac{\gamma - \beta}{\sqrt{2}} + Q\sin\frac{\gamma - \beta}{\sqrt{2}} \right) + \frac{1}{2}\beta^2\sigma_T - \sigma_B\cos\beta - \frac{1}{2}(\beta - \alpha)^2 - \sqrt{2}P$$
$$- [\pi(\pi - \gamma) + 0.5\gamma^2]\sigma_T + \sigma_B\cos\gamma - (\pi - \gamma)^2$$

$$a_R = \frac{(\pi - \beta)}{\pi}\left[-\sqrt{2}\left(P\cos\frac{\gamma - \beta}{\sqrt{2}} + Q\sin\frac{\gamma - \beta}{\sqrt{2}} \right) - \frac{1}{2}\beta^2\sigma_T + \sigma_B\cos\beta + \frac{1}{2}(\beta - \alpha)^2 \right]$$
$$+ \frac{P}{\pi}\left[2\sin\frac{\gamma - \beta}{\sqrt{2}} + \sqrt{2}(\pi - \gamma) \right] + \frac{2Q}{\pi}\left(1 - \cos\frac{\gamma - \beta}{\sqrt{2}} \right)$$
$$+ \frac{\sigma_T}{\pi}\left[\frac{1}{6}(2\pi^3 - 2\gamma^3 - \beta^3) - \pi\gamma(\pi - \gamma) \right]$$
$$+ \frac{\sigma_B}{\pi}\left[\sin\beta - \sin\gamma - (\pi - \gamma)\cos\gamma \right] + \frac{1}{6\pi}[(\beta - \alpha)^3 + 2(\pi - \gamma)^3]$$

$$a_I = \frac{S}{\pi}\left(\frac{\alpha}{2}\cos\frac{\alpha}{\sqrt{2}} - \frac{\sqrt{2}}{2}\sin\frac{\alpha}{\sqrt{2}}\right) - \frac{1}{3\pi}\alpha^3\sigma_T + \frac{\sigma_B}{\pi}(\alpha\cos\alpha - \sin\alpha)$$

$$b_R = \frac{\sqrt{2}}{4}\left[-\sqrt{2}\left(P\cos\frac{\gamma-\beta}{\sqrt{2}} + Q\sin\frac{\gamma-\beta}{\sqrt{2}}\right) - \frac{1}{2}\beta^2\sigma_T + \sigma_B\cos\beta + \frac{1}{2}(\beta-\alpha)^2 - a_R + a_I\right]$$

$$b_I = -\frac{a_R + a_I - \sigma_B\cos\alpha}{2\sqrt{2}} + \frac{S\cos\frac{\alpha}{\sqrt{2}} - \alpha^2\sigma_T}{4\sqrt{2}}$$

$$c_R = -\frac{1}{\pi\sin\beta}\left[-\beta\sigma_T - \frac{1}{2}(7\sin\beta + \beta\cos\beta)\sigma_B + \sin(\beta-\alpha) + \beta - \alpha\right](\beta - \gamma + \sin\beta\cos\beta$$

$$-\sin\gamma\cos\gamma) + \frac{G_1}{\pi}(\pi - \gamma - \sin\gamma\cos\gamma) + \frac{4P}{\pi}\left(\sqrt{2}\sin\gamma - \sqrt{2}\sin\beta\cos\frac{\gamma-\beta}{\sqrt{2}}\right)$$

$$-\cos\beta\sin\frac{\gamma-\beta}{\sqrt{2}}\right) + \frac{2}{\pi}(\sin\alpha - \sin\beta - \sin\gamma) - \frac{4Q}{\pi}\left(\sin\gamma + \sqrt{2}\sin\beta\sin\frac{\gamma-\beta}{\sqrt{2}}\right)$$

$$-\cos\beta\cos\frac{\gamma-\beta}{\sqrt{2}}\right) - \frac{2\sigma_T}{\pi}(\sin\gamma - \sin\beta) - \frac{2\sigma_B}{\pi}\left[\pi + \beta - \gamma + \frac{7}{16}(\sin 2\beta - \sin 2\gamma)\right]$$

$$+\frac{1}{8}\beta\cos 2\beta + \frac{1}{8}(\pi - \gamma)\cos 2\gamma\right] + \frac{1}{\pi}[(\beta-\alpha)\cos\alpha + \cos\beta\sin(\beta-\alpha) - \sin\gamma\cos\gamma] + \frac{\pi-\gamma}{\pi}$$

$$c_I = \frac{S}{2\pi\cos a}\cos\frac{\alpha}{\sqrt{2}}(\alpha - \sin\alpha\cos\alpha) - \frac{\sigma_T}{\pi\cos a}(2\alpha\cos^2\alpha - \alpha - \sin\alpha\cos\alpha)$$

$$+\frac{\sigma_B}{2\pi\cos a}\left(\frac{5}{2}\alpha\cos\alpha - \frac{5}{2}\sin\alpha\cos^2\alpha + \alpha^2\sin\alpha\right)$$

$$d_R = \frac{\sqrt{2}}{4}\left\{\frac{1}{\sin\beta}\left[-\beta\sigma_T - \frac{1}{2}(7\sin\beta + \beta\cos\beta)\sigma_B + \sin(\beta-\alpha) + \beta - \alpha\right] - c_R + c_I\right\}$$

$$d_I = \frac{S}{4\sqrt{2}\cos\alpha}\cos\frac{\alpha}{\sqrt{2}} - \frac{c_R\cos\alpha + c_I\cos\alpha - \sigma_T}{2\sqrt{2}\cos\alpha} - \frac{\sigma_B}{2\sqrt{2}\cos\alpha}(2\cos\alpha - 0.5\alpha\sin\alpha)$$

其中，决定 Dugdale 塑性区域范围的 β、决定塑性压应力区域长度的 γ 两个角度位置参量由以下两个方程组获得：

$$\begin{cases} B_1\sigma_T + D_1\sigma_B - N_1 = 0 \\ B_2\sigma_T + D_2\sigma_B - N_2 = 0 \end{cases} \tag{4-75}$$

式中，$B_1 = (\sin\beta + \beta\cos\beta)\sin\frac{\gamma-\beta}{\sqrt{2}} + \sqrt{2}\left(\pi - \gamma + \beta\cos\beta\cos\frac{\gamma-\beta}{\sqrt{2}}\right)\sin\beta$；

$$B_2 = [(\pi-\gamma)\cos\gamma - \sin\gamma]\sin\frac{\gamma-\beta}{\sqrt{2}} - \sqrt{2}\left[(\pi-\gamma)\cos\frac{\gamma-\beta}{\sqrt{2}} + \beta\right]\sin\gamma$$；

$$D_1 = 0.5(\beta + 3\sin\beta\cos\beta)\sin\frac{\gamma-\beta}{\sqrt{2}} - \sqrt{2}\left(\sin\gamma - \sin\beta\cos\frac{\gamma-\beta}{\sqrt{2}}\right)\sin\beta$$；

$$D_2 = -0.5(3\sin\gamma\cos\gamma - \pi + \gamma)\sin\frac{\gamma-\beta}{\sqrt{2}} + \sqrt{2}\left(\sin\gamma\cos\frac{\gamma-\beta}{\sqrt{2}} - \sin\beta\right)\sin\gamma \ ;$$

$$N_1 = [\sin\beta - \sin\alpha + (\beta-\alpha)\cos\beta]\sin\frac{\gamma-\beta}{\sqrt{2}} - \sqrt{2}\left[\pi-\gamma-(\beta-\alpha)\cos\frac{\gamma-\beta}{\sqrt{2}}\right]\sin\beta \ ;$$

$$N_2 = [\sin\gamma - (\pi-\gamma)\cos\gamma]\sin\frac{\gamma-\beta}{\sqrt{2}} + \sqrt{2}\left[(\pi-\gamma)\cos\frac{\gamma-\beta}{\sqrt{2}} - \beta+\alpha\right]\sin\gamma$$

不难看出，当塑性压应力区域为零，即还未出现塑性压应力时，$\gamma=\pi$ 始终满足上述非线性方程组的第二个非线性方程。因此，在进行数值求解时难以使确定塑性压应力区域长度的 γ 值收敛于小于 π 值的根。故对第二个非线性方程两端同时除以（$\pi-\gamma$），则该方程的等价形式为

$$\tilde{B}_2\sigma_T + \tilde{D}_2\sigma_B - \tilde{N}_2 = 0 \tag{4-76}$$

式中，$\tilde{B}_2 = -\sqrt{2}\left[(\pi-\gamma)\cos\frac{\gamma-\beta}{\sqrt{2}} + \frac{\sqrt{2}}{2}\sin\frac{\gamma-\beta}{\sqrt{2}} + \beta\right]\dfrac{\sin(\pi-\gamma)}{\pi-\gamma} + \cos\gamma\sin\frac{\gamma-\beta}{\sqrt{2}} \ ;$

$\tilde{D}_2 = \sqrt{2}\left[\sin\gamma\cos\frac{\gamma-\beta}{\sqrt{2}} - \frac{3\sqrt{2}}{4}\cos\gamma\sin\frac{\gamma-\beta}{\sqrt{2}} - \sin\beta\right]\dfrac{\sin(\pi-\gamma)}{\pi-\gamma} + \frac{1}{2}\sin\frac{\gamma-\beta}{\sqrt{2}} \ ;$

$\tilde{N}_2 = \sqrt{2}\left[(\pi-\gamma)\cos\frac{\gamma-\beta}{\sqrt{2}} + \frac{\sqrt{2}}{2}\sin\frac{\gamma-\beta}{\sqrt{2}} - \beta+\alpha\right]\dfrac{\sin(\pi-\gamma)}{\pi-\gamma} + \cos\gamma\sin\frac{\gamma-\beta}{\sqrt{2}}$

将上述等价方程 $\dfrac{\sin(\pi-\gamma)}{\pi-\gamma}$ 项进行泰勒展开，保留前三项并带入上述等价方程，则可得到与原非线性方程近似的新方程：

$$\hat{B}_2\sigma_T + \hat{D}_2\sigma_B - \hat{N}_2 = 0 \tag{4-77}$$

式中，

$$\hat{B}_2 = -\sqrt{2}\left[(\pi-\gamma)\cos\frac{\gamma-\beta}{\sqrt{2}} + \frac{\sqrt{2}}{2}\sin\frac{\gamma-\beta}{\sqrt{2}} + \beta\right]\left[1 - \frac{(\pi-\gamma)^2}{6} + \frac{(\pi-\gamma)^4}{120}\right] + \cos\gamma\sin\frac{\gamma-\beta}{\sqrt{2}}$$

$$\hat{D}_2 = \sqrt{2}\left[\sin\gamma\cos\frac{\gamma-\beta}{\sqrt{2}} - \frac{3\sqrt{2}}{4}\cos\gamma\sin\frac{\gamma-\beta}{\sqrt{2}} - \sin\beta\right]\left[1 - \frac{(\pi-\gamma)^2}{6} + \frac{(\pi-\gamma)^4}{120}\right] + \frac{1}{2}\sin\frac{\gamma-\beta}{\sqrt{2}}$$

$$\hat{N}_2 = \sqrt{2}\left[(\pi-\gamma)\cos\frac{\gamma-\beta}{\sqrt{2}} + \frac{\sqrt{2}}{2}\sin\frac{\gamma-\beta}{\sqrt{2}} - \beta+\alpha\right]\left[1 - \frac{(\pi-\gamma)^2}{6} + \frac{(\pi-\gamma)^4}{120}\right] + \cos\gamma\sin\frac{\gamma-\beta}{\sqrt{2}}$$

将复函数 $F(\theta)$ 形式的解析结果带入复特征函数表达式即可得到横撑裂纹截面周向穿透裂纹区域$(0 \leqslant \theta < \alpha)$的轴向位移表达式，根据 Dugdale 塑性模型的定义，裂纹尖端张开位移（CTOD）可由裂纹截面穿透裂纹区域周向位移表达式获得，即

$$
\begin{aligned}
\mathrm{CTOD} = \frac{\sqrt{2}}{4\varepsilon} &\left\{ \left[\sqrt{2}\left(P\cos\frac{\gamma-\beta}{\sqrt{2}} + Q\sin\frac{\gamma-\beta}{\sqrt{2}} \right) + \frac{\beta^2\sigma_T - (\beta-\alpha)^2}{2} - \sigma_B\cos\beta \right] \right. \\
&+ \frac{\cos\alpha}{\sin\beta}\left[-\beta\sigma_T - \frac{1}{2}(7\sin\beta + \beta\cos\beta)\sigma_B + \sin(\beta-\alpha) + \beta - \alpha \right] \qquad (4\text{-}78) \\
&\left. - (0.5\alpha^2 + 1)\sigma_T + (3\cos\alpha - 0.5\alpha\sin\alpha)\sigma_B \right\}
\end{aligned}
$$

上述解析模型得出了绝大部分显性表达式，但对决定塑性区域长度的 β 值和 γ 值，则难以直接获取解析结果，需要对其进行数值计算。采用最速下降法对其进行数值求解，计算流程如图 4-9 所示。

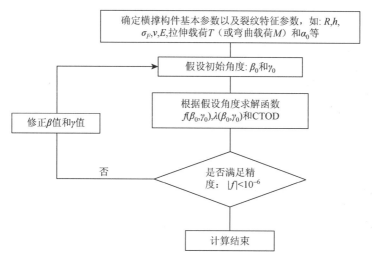

图 4-9　含裂纹横撑断裂参数计算流程

图中，函数 $f(\beta_0, \gamma_0)$ 和 $\lambda(\beta_0, \gamma_0)$ 的表达式为

$$
\begin{aligned}
f(\beta_0, \gamma_0) = &[B_1(\beta_0, \gamma_0)\sigma_T + D_1(\beta_0, \gamma_0)\sigma_B - N_1(\beta_0, \gamma_0)]^2 \\
&+ [B_2(\beta_0, \gamma_0)\sigma_T + D_2(\beta_0, \gamma_0)\sigma_B - N_2(\beta_0, \gamma_0)]^2
\end{aligned}
$$

$$
\lambda = \frac{f(\beta_0, \gamma_0)}{\left[\dfrac{f(\beta_0+0.01, \gamma_0) - f(\beta_0, \gamma_0)}{0.01\beta_0} \right]^2 + \left[\dfrac{f(\beta_0, \gamma_0+0.01) - f(\beta_0, \gamma_0)}{0.01\gamma_0} \right]^2}
$$

如果计算精度不能满足要求，则需要对初始假设角度 (β_0, γ_0) 进行修正，修正方法为

$$
\beta = \beta_0 - \lambda \frac{f(\beta_0+0.01, \gamma_0) - f(\beta_0, \gamma_0)}{0.01\beta_0}
$$

$$\gamma = \gamma_0 - \lambda \frac{f(\beta_0,\ \gamma_0 + 0.01) - f(\beta_0,\ \gamma_0)}{0.01\gamma_0}$$

4.3　算例与分析

4.3.1　拉伸载荷下横撑的断裂分析

拉伸载荷为影响横撑裂纹特性参数的主要因素，本节分析不同应力载荷下横撑裂纹截面塑性区域，以及 CTOD 的变化趋势和不同初始裂纹角度对裂纹特性参数的影响。

如图 4-10 和图 4-11 所示，裂纹截面塑性拉应力区域随拉伸载荷的增大而变长，裂纹截面塑性压应力区域在处于较低拉伸载荷作用下增长区域较为平缓；当拉伸载荷继续增加时，拉伸压应力区域的变化趋势随载荷的增加迅速变快；并且在相同拉伸载荷条件下，裂纹初始角度越大，裂纹前段塑性拉应力区域长度越长，而且横撑裂纹截面受压一侧也越早出现塑性压应力。

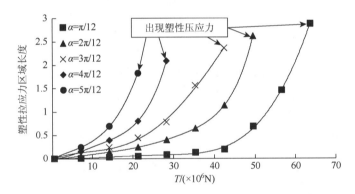

图 4-10　塑性拉应力区长度与拉伸载荷及初始裂纹角度的关系

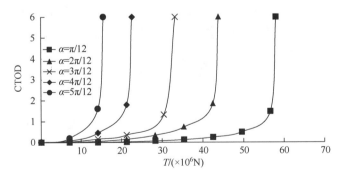

图 4-11　裂纹尖端张开位移与拉伸载荷及初始裂纹角度的关系

同时，横撑裂纹尖端张开位移在拉伸载荷作用下与裂纹截面塑性压应力区域的变化趋势基本一致，当横撑承受载荷增加到一定程度时，CTOD 移随载荷的增大直线上升。

横撑结构在拉伸载荷作用下，裂纹截面弹塑性区域变化趋势如图 4-12（a）所示。横撑裂纹截面弹性区域与塑性区域随拉伸载荷的变化趋势相反，在低载荷作用时，裂纹截面弹塑性区域随载荷的变化较为平缓；当载荷增大到一定程度之后，

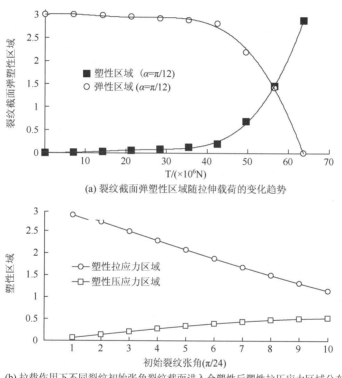

(a) 裂纹截面弹塑性区域随拉伸载荷的变化趋势

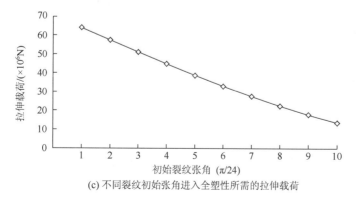

(b) 拉载作用下不同裂纹初始张角裂纹截面进入全塑性后塑性拉压应力区域分布情况

(c) 不同裂纹初始张角进入全塑性所需的拉伸载荷

图 4-12　拉伸载荷下裂纹截面弹塑性区域变化特征

塑性区域长度急剧增长，弹性区域长度的变化则与之相反。

当横撑裂纹截面进入全塑性区域之后，裂纹截面塑性拉应力区域长度与塑性压应力区域变化趋势如图 4-12（b）所示。不同初始裂纹张角所在裂纹截面进入全塑性以后，塑性拉压应力区域分布各有不同；塑性拉应力区域长度总是大于塑性压应力区域长度，总的说来随着初始裂纹张角的变大，塑性拉压应力区域差异变小。同时，横撑裂纹截面进入全塑性所需要的拉伸载荷，随初始裂纹张角的变大而线性减小，如图 4-12（c）所示。

4.3.2　弯曲载荷下横撑的断裂分析

半潜式平台水平横撑除了主要承担环境载荷作用下平台的水平横向分离力以外，还将承担一部分弯曲载荷，本节基于已导出的解析模型进一步研究弯曲载荷作用下含裂纹横撑构件裂纹截面断裂参数以及不同弯曲载荷和不同初始裂纹张角对其的影响。

如图 4-13 和图 4-14 所示，与横撑结构在拉伸载荷作用下的变化趋势类似，裂纹截面塑性拉应力区域随弯曲载荷的增大而变长，裂纹截面塑性压应力区域长

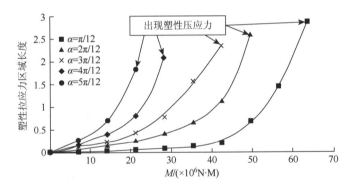

图 4-13　塑性拉应力区长度与弯曲载荷及初始裂纹角度的关系

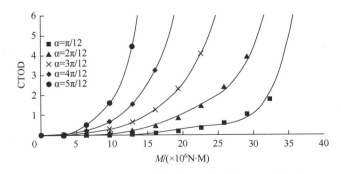

图 4-14　CTOD 与弯曲载荷及初始裂纹角度的关系

度随弯曲载荷基本呈线性增长趋势；同样，当作用在横撑上的弯曲载荷一定时，横撑裂纹初始角度越大，裂纹前段塑性拉应力区域长度越长，而且横撑裂纹截面受压一侧也越早出现塑性压应力。

同时，横撑 CTOD 在弯曲载荷作用下与裂纹截面塑性压应力区域的变化趋势基本一致，当横撑承受载荷增加到一定程度时，CTOD 随载荷的增大直线上升。

横撑结构在弯曲载荷作用下，裂纹截面弹塑性区域变化趋势如图 4-15（a）所示，横撑裂纹截面弹性区域与塑性区域随拉伸载荷的变化趋势相反，与横撑在拉伸载荷作用下的变化趋势一样。在弯曲载荷较低时，裂纹截面弹塑性区域随载荷的变化较为平缓；当载荷增大到一定程度之后，塑性区域长度急剧增长；弹性区域长度变化与之相反。

当横撑裂纹截面进入全塑性区域之后，裂纹截面塑性拉应力区域长度与塑性压应力区域变化趋势如图 4-15（b）所示。与拉伸载荷作用下横撑截面塑性拉压应力区域长度不同，在弯曲载荷作用下，在初始裂纹张角一致的情况下，当裂纹截面进入全塑性以后，塑性拉压应力区域长度相等，并且随着初始裂纹张角的增大而逐渐减小。同时，横撑裂纹截面进入全塑性所需要的弯曲载荷随初始裂纹张角的变大而线性减小，与拉伸载荷作用下的情况一致，如图 4-15（c）所示。

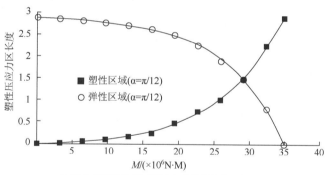

(a) 裂纹截面弹塑性区域随弯曲载荷的变化趋势

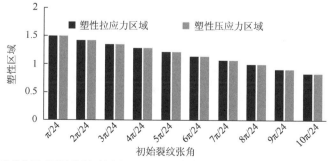

(b) 弯载作用下不同裂纹初始张角裂纹截面进入全塑性后塑性拉压应力区域分布情况

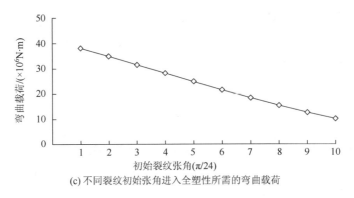

(c) 不同裂纹初始张角进入全塑性所需的弯曲载荷

图 4-15　弯曲载荷下裂纹截面弹塑性区域变化特征

4.3.3　拉弯组合载荷下横撑的断裂分析

对横撑构件在拉伸和弯曲载荷共同作用下裂解截面断裂特性进行分析时，由于拉伸载荷和弯曲载荷属于不同载荷类型，相互之间没有可比性；本节均采用拉伸载荷和弯曲载荷的无量纲形式进行分析探讨。

水平横撑在拉弯组合载荷条件下，塑性拉应力区域长度以及裂纹截面 CTOD 长度随载荷的变化情况如图 4-16 所示。可以看出，拉弯载荷均较小时，不同拉伸与弯曲载荷对塑性拉应力长度以及裂纹 CTOD 长度作用效果接近；但随着载荷的

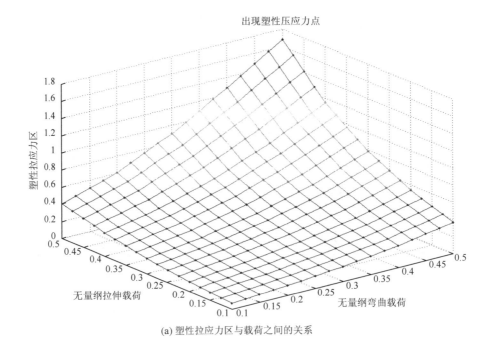

(a) 塑性拉应力区与载荷之间的关系

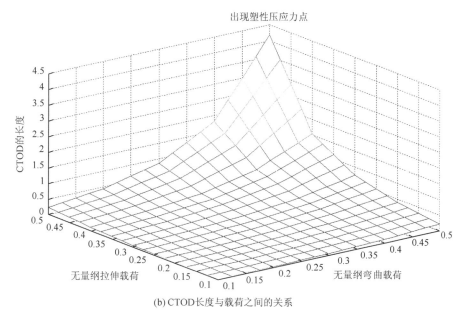

(b) CTOD长度与载荷之间的关系

图 4-16　水平横撑在拉弯组合载荷条件下塑性区域与 CTOD 的变化

增大，不同载荷对塑性拉应力长度以及裂纹 CTOD 长度的影响有所变化。在塑性压应力出现之前，裂纹初始裂纹角度为 $\pi/12$、$\pi/6$ 和 $\pi/4$ 时，不同拉弯载荷作用下裂纹截面塑性拉应力区和裂纹 CTOD 长度，如表 4-1～表 4-6 所示。

表 4-1　拉弯载荷下裂纹塑性拉应力区域（初始裂纹角度=$\pi/12$）

| | | 无量纲弯曲载荷 | | | | | | | | |
		0.1	0.2	0.3	0.4	0.5	0.6	0.7	0.8	0.9
无量纲拉伸载荷	0.1	0.066	0.112	0.173	0.254	0.366	0.516	0.706	0.921	1.144
	0.2	0.114	0.175	0.259	0.375	0.535	0.741	0.979	1.227	※
	0.3	0.178	0.263	0.384	0.556	0.784	1.051	1.332	※	
	0.4	0.268	0.395	0.580	0.836	1.144	1.473	※		
	0.5	0.407	0.609	0.904	1.273	1.678	※			
	0.6	0.645	0.998	1.470	2.039	※				
	0.7	1.146	1.847	※	※					
	0.8	※	※							

※出现塑性压应力

表 4-2　拉弯载荷下裂纹塑性拉应力区域（初始裂纹角度=$\pi/6$）

| | | 无量纲弯曲载荷 | | | | | | | | |
		0.1	0.2	0.3	0.4	0.5	0.6	0.7	0.8	0.9
无量纲拉伸载荷	0.1	0.136	0.228	0.344	0.488	0.661	0.858	1.071	1.297	※
	0.2	0.239	0.362	0.518	0.710	0.933	1.178	1.443	※	

续表

		无量纲弯曲载荷								
		0.1	0.2	0.3	0.4	0.5	0.6	0.7	0.8	0.9
	0.3	0.381	0.553	0.770	1.030	1.323	1.654	※		
	0.4	0.595	0.849	1.165	1.538	2.027	※			
无量纲拉伸载荷	0.5	0.959	1.374	1.941	※	※				
	0.6	1.803	※	※						
	0.7	※								

表 4-3　拉弯载荷下裂纹塑性拉应力区域（初始裂纹角度=π/4）

		无量纲弯曲载荷								
		0.1	0.2	0.3	0.4	0.5	0.6	0.7	0.8	0.9
	0.1	0.219	0.360	0.530	0.729	0.953	1.203	※		
	0.2	0.398	0.591	0.823	1.093	1.407	※			
无量纲拉伸载荷	0.3	0.670	0.953	1.300	※	※				
	0.4	1.154	1.687	※						
	0.5	※	※							

表 4-4　拉弯载荷下 CTOD（初始裂纹角度=π/12）

		无量纲弯曲载荷								
		0.1	0.2	0.3	0.4	0.5	0.6	0.7	0.8	0.9
	0.1	0.011	0.031	0.065	0.122	0.217	0.379	0.660	1.147	1.973
	0.2	0.031	0.066	0.124	0.222	0.392	0.696	1.243	2.218	※
	0.3	0.067	0.126	0.227	0.406	0.738	1.369	2.567	※	
	0.4	0.128	0.233	0.423	0.791	1.543	3.121	※		
无量纲拉伸载荷	0.5	0.239	0.442	0.860	1.809	4.184	※			
	0.6	0.464	0.956	2.300	7.457	※				
	0.7	1.112	3.749	※	※					
	0.8	※	※							

表 4-5　拉弯载荷下 CTOD（初始裂纹角度=π/6）

		无量纲弯曲载荷								
		0.1	0.2	0.3	0.4	0.5	0.6	0.7	0.8	0.9
	0.1	0.053	0.136	0.283	0.530	0.940	1.619	2.755	4.706	※
	0.2	0.144	0.301	0.569	1.027	1.822	3.244	5.945	※	
	0.3	0.320	0.613	1.136	2.106	4.028	8.454	※		
无量纲拉伸载荷	0.4	0.667	1.281	2.545	5.592	17.762	※			
	0.5	1.491	3.384	11.362	※	※				
	0.6	6.342	※	※						
	0.7	※								

表 4-6　拉弯载荷下 CTOD（初始裂纹角度＝π/4）

		无量纲弯曲载荷								
		0.1	0.2	0.3	0.4	0.5	0.6	0.7	0.8	0.9
无量纲拉伸载荷	0.1	0.141	0.365	0.774	1.501	2.809	5.301	※		
	0.2	0.420	0.902	1.808	3.603	7.726	※			
	0.3	1.072	2.279	5.162	※	※				
	0.4	3.167	6.300	※						
	0.5	※	※							

　　为了进一步了解不同载荷对塑性拉应力区及裂纹的影响，分别对水平横撑施加固定载荷，通过改变另一载荷值分析讨论不同载荷对塑性拉应力区及裂纹的作用情况，如图 4-17～图 4-19 所示。图中分别以 π/12、π/6 及 π/4 为三个不同裂纹初始角度时，水平横撑在拉弯组合载荷作用下，裂纹截面塑性拉应力区以及裂纹 CTOD 长度随载荷的变化曲线。

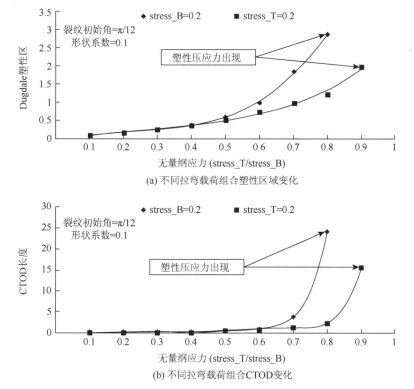

(a) 不同拉弯载荷组合塑性区域变化

(b) 不同拉弯载荷组合CTOD变化

图 4-17　裂纹初始角度为 π/12 时不同拉弯组合载荷作用下塑性区域及 CTOD 变化曲线

　　当拉伸和弯曲载荷均较小时，不同载荷对横撑裂纹截面塑性拉应力区以及

CTOD 长度的影响较小；随着载荷的增大，载荷对裂纹区域的影响逐渐增加，不同类型载荷的影响趋势也有所不同。

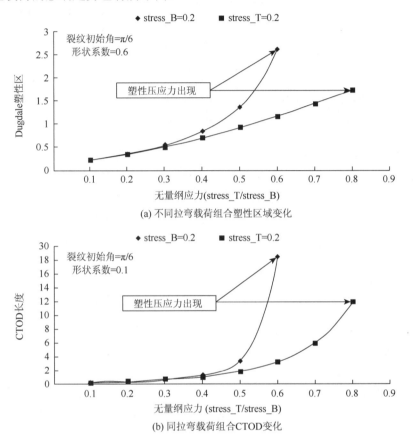

(a) 不同拉弯载荷组合塑性区域变化

(b) 同拉弯载荷组合CTOD变化

图 4-18 裂纹初始角度为 π/6 时不同拉弯组合载荷作用下塑性区域及 CTOD 的变化曲线

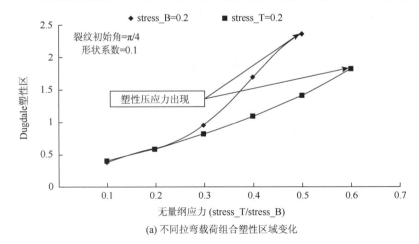

(a) 不同拉弯载荷组合塑性区域变化

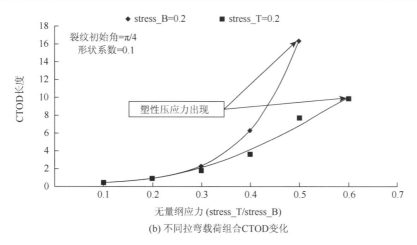

(b) 不同拉弯载荷组合CTOD变化

图 4-19　裂纹初始角度为 π/4 时不同拉弯组合载荷作用塑性区域及 CTOD 的变化曲线

　　当对横撑施加一固定弯曲载荷（例如取无量纲弯曲载荷为 0.2）时，施加大小不同的拉伸载荷，当拉伸载荷较小时，横撑裂纹截面塑性拉应力区域长度及裂纹 CTOD 长度随着载荷增加而缓慢增加；当载荷达到一定值之后，裂纹截面塑性拉应力区域长度及裂纹 CTOD 长度随载荷增加而大幅度变长。

　　反之，当对水平横撑施加一固定拉伸载荷（例如取无量纲拉伸载荷为 0.2），裂纹截面塑性拉应力区域长度随无量纲弯曲载荷基本呈线性增长趋势；裂纹 CTOD 长度变化趋势与拉伸载荷作用类似。另外，弯曲载荷相对拉伸载荷对裂纹截面塑性拉应力区域长度以及裂纹 CTOD 的长度影响更大。

　　同样，不同初始裂纹角度对裂纹截面塑性拉应力区域长度以及裂纹 CTOD 长度影响情况如图 4-20 和图 4-21 所示。在载荷相同的情况下，初始裂纹角度越大，塑性压应力出现得越早，塑性压应力区域长度和裂纹 CTOD 长度也越短。

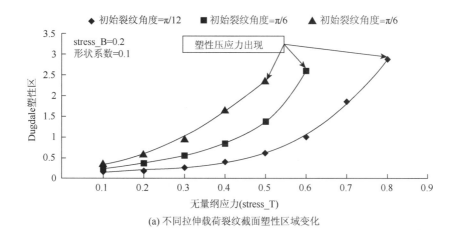

(a) 不同拉伸载荷裂纹截面塑性区域变化

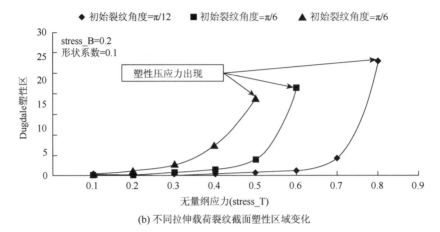

(b) 不同拉伸载荷裂纹截面塑性区域变化

图 4-20　施加等载荷的弯曲载荷，塑性拉应力区及 CTOD 长度随拉伸载荷的变化曲线

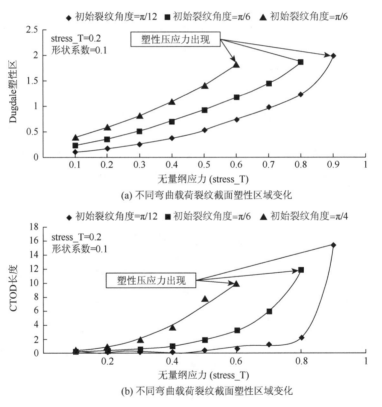

(a) 不同弯曲载荷裂纹截面塑性区域变化

(b) 不同弯曲载荷裂纹截面塑性区域变化

图 4-21　施加等载荷的拉伸载荷，塑性拉应力区及 CTOD 长度随弯曲载荷的变化曲线

第5章　基于横撑断裂的承载极限分析

对于韧性材料而言，通常在其失稳扩展之前存在一个明显的稳定扩展过程，在这个过程中，结构仍然可以继续承载。韧性材料的断裂主要取决于裂纹尖端的应变，而不是应力，CTOD 和 CTOA 均可认为是裂纹尖端局部应变场或塑性功率的表征。

大量的有限元数值分析和试验结果[98-104]表明，在裂纹稳定扩展阶段，CTOA 达到临界值且保持不变。不同材料存在不同的稳态 CTOA 值，称作临界裂纹尖端张开角（CTOAc）；正是由于在稳定扩展阶段的恒定性，使得 CTOAc 被公认为是衡量延性断裂扩展的量度之一。CTOD 和 CTOA 的起裂和扩展准则，已经被广泛应用于众多工程领域的断裂试验及数值模拟研究中[105-109]。

假设在裂纹稳定扩展过程中裂纹尖端形状保持不变，基于 Dugdale 模型的弹塑性裂纹扩展模型，即基于 Dugdale 模型的 CTOA 扩展准则[110]，在第 4 章的基础上，采用 CTOD 和 CTOA 分别作为裂纹起裂和稳定扩展的断裂参数，进一步推导横撑在拉伸和弯曲载荷作用下裂纹扩展的弹塑性解，并由此得出半潜平台横撑承载极限。

5.1　横撑断裂控制方程

5.1.1　裂纹起裂控制方程

临界裂纹尖端张开位移 $\overline{\text{CTOD}}_c$ 是表征平台含裂纹横撑构件抵抗裂纹起裂的参数，与临界 K 因子和临界 J 积分参数一样，$\overline{\text{CTOD}}_c$ 是评判材料韧性好坏的量度，是材料本身的一种性质。

利用 Dugdale 塑性模型表征外载作用下含裂纹横撑塑性区域的解析模型，假设裂纹半角为 α_0，则裂纹尖端位于 $\theta = \alpha_0$ 处，裂纹截面塑性压应力区域长度为 $(\beta_0 - \alpha_0)$。

当平台横撑在外载作用下，横撑裂纹截面 $\overline{\text{CTOD}}$ 达到 $\overline{\text{CTOD}}_c$ 值的瞬间裂纹起裂，如图 5-1 所示。

即裂纹起裂的控制方程为

$$\overline{\text{CTOD}} = \overline{\text{CTOD}}_c \tag{5-1}$$

$\overline{\text{CTOD}}_c$ 的值可以直接通过实验进行测定，也可通过临界 J 积分参数进行换算获得。对于本书解析模型，J 积分与裂纹张开位移的关系式为：

$$J = \frac{\sigma_Y R}{E} \text{CTOD} \tag{5-2}$$

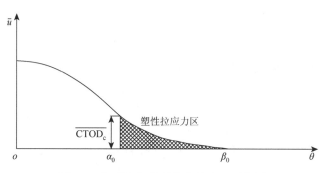

图 5-1　起裂阶段的裂纹尖端张开形状图

5.1.2　裂纹扩展控制方程

$\overline{\text{CTOA}}$ 是表征裂纹尖端局部应变场或塑性功率，是与裂纹尖端塑性区域直接联系的物理量。有关 $\overline{\text{CTOA}}$ 的定义常以距瞬时裂纹尖端后部特定距离处的裂纹之间的距离来确定[111-113]，但目前尚无确定这个特定距离的统一标准。

从数学的观点来看，$\overline{\text{CTOA}}$ 表征的是裂纹尖端张开距离的变化率，并与 $\overline{\text{CTOD}}$ 一起决定裂纹起裂之后裂纹尖端的形状特点。基于 Budiansky 和 Sumner 关于裂纹扩展过程中裂纹尖端形状保持不变的假设，平面应力状态下基于 Dugdale 模型的 $\overline{\text{CTOA}}$ 可以定义为[114]

$$R\overline{\text{CTOA}} = -\lim_{\theta \to \alpha} \frac{\partial \Delta}{\partial \theta} \tag{5-3}$$

相对于裂纹远离边界或支持条件的解析模型，周向穿透裂纹位于横撑与立柱或浮体等较大刚度构件之间，根据 Sanders 定义的裂纹张开角的定义，解析模型中裂纹尖端张开角的关系式为

$$\overline{\text{CTOA}} = \frac{\sigma_Y}{E} \left[\frac{\text{dCTOD}}{\text{d}\alpha} - \left(\frac{\partial u_c}{\partial \theta} \right)_{\theta = \alpha} \right] \tag{5-4}$$

解析模型裂纹扩展阶段裂纹尖端张开形状如图 5-2 所示。

如上所述，采用 $\overline{\text{CTOD}}_c$ 值作为含裂纹横撑在外载荷作用下裂纹起裂的断裂评判参数；与之对应，采用 $\overline{\text{CTOA}}_c$ 作为裂纹扩展的评判参数，即作为材料参数表征材料抵抗裂纹扩展的参数。

基于裂纹扩展过程中裂纹尖端形状保持不变的原则，解析模型中维持裂纹稳性扩展的条件可以写为

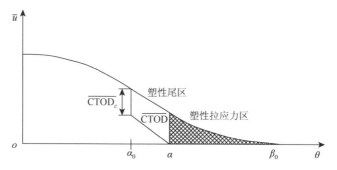

图 5-2　稳定扩展阶段的裂纹尖端张开形状图

$$\overline{\text{CTOA}}_c = \frac{\sigma_Y}{E}\left[\frac{\text{dCTOD}}{\text{d}\alpha} - \left(\frac{\partial u_c}{\partial \theta}\right)_{\theta=\alpha}\right] \tag{5-5}$$

裂纹稳定扩展过程中，裂纹张角 α 成为变量，将第 4 章得出的解析结果带入上述裂纹稳定扩展条件关系式，可得裂纹扩展的基本控制方程：

$$2\sqrt{2}\frac{E\varepsilon}{\sigma_Y}\overline{\text{CTOA}}_c = \frac{\text{d}C}{\text{d}\alpha}\cos\alpha - \frac{\text{d}A}{\text{d}\alpha} + p_1\frac{\text{d}\sigma_B}{\text{d}\alpha} - p_2\frac{\text{d}\sigma_T}{\text{d}\alpha} + H_{TB} \tag{5-6}$$

式中，

$$A = -\sqrt{2}\left(P\cos\frac{\gamma-\beta}{\sqrt{2}} + Q\sin\frac{\gamma-\beta}{\sqrt{2}}\right) - 0.5\beta^2\sigma_T + \sigma_B\cos\beta + 0.5(\beta-\alpha)^2$$

$$C = \frac{1}{\sin\beta}[-\beta\sigma_T - 0.5(7\sin\beta + \beta\cos\beta)\sigma_B + \sin(\beta-\alpha) + \beta - \alpha]$$

$$p_1 = 3\cos\alpha - 0.5\alpha\sin\alpha$$

$$p_2 = 0.5\alpha^2 + 1$$

$$H_{TB} = \frac{\sqrt{2}}{2}S\sin\frac{\alpha}{\sqrt{2}} + 2\alpha\sigma_T + 2\sigma_B\sin\alpha$$

对于始终在外载荷作用下的含裂纹横撑构件，从裂纹起裂开始，平台横撑构件中的裂纹截面必将经历无塑性压应力到出现塑性压应力，再到裂纹截面完全进入塑性直至最后断裂的过程。因此，采用上述裂纹起裂控制方程和裂纹扩展基本控制方程，对含裂纹横撑整个断裂过程进行分析。

5.2　基于裂纹扩展横撑承载极限分析

5.2.1　无塑性压应力扩展

半潜式平台水平横撑在拉弯载荷作用下含裂纹横撑裂纹截面未出现塑性压应力（即 $\gamma = \pi$）的情况下，裂纹截面只存在周向穿透裂纹区域、塑性拉应力区域和弹性区域三部分，只需考虑裂纹张角 α 和决定塑性拉应力区域长度的 β 值在轴向拉伸载荷 σ_T 和弯曲载荷 σ_B 作用下的变化情况。

在裂纹扩展过程中，裂纹张角 α 为变量，在基于裂纹扩展过程中裂纹尖端形状保持不变的假设前提下，可以认为决定裂纹截面塑性拉应力区域长度的 β 值以及轴向拉伸载荷 σ_T 和弯曲载荷 σ_B 均是关于裂纹张角 α 的函数。

另外，5.1 节裂纹扩展基本控制方程中 $\dfrac{\mathrm{d}C}{\mathrm{d}\alpha}$ 和 $\dfrac{\mathrm{d}A}{\mathrm{d}\alpha}$ 均为关于 $(\alpha,\ \beta,\ \sigma_T,\ \sigma_B)$ 形式的函数，为简化计算，将上述裂纹扩展基本控制方程中的 $\dfrac{\mathrm{d}C}{\mathrm{d}\alpha}$ 项和 $\dfrac{\mathrm{d}A}{\mathrm{d}\alpha}$ 项写成

$$\frac{\mathrm{d}A}{\mathrm{d}\alpha}=\frac{\partial A}{\partial \beta}\frac{\mathrm{d}\beta}{\mathrm{d}\alpha}+\frac{\partial A}{\partial \sigma_T}\frac{\mathrm{d}\sigma_T}{\mathrm{d}\alpha}+\frac{\partial A}{\partial \sigma_B}\frac{\mathrm{d}\sigma_B}{\mathrm{d}\alpha}+\frac{\partial A}{\partial \alpha} \tag{5-7}$$

$$\frac{\mathrm{d}C}{\mathrm{d}\alpha}=\frac{\partial C}{\partial \beta}\frac{\mathrm{d}\beta}{\mathrm{d}\alpha}+\frac{\partial C}{\partial \sigma_T}\frac{\mathrm{d}\sigma_T}{\mathrm{d}\alpha}+\frac{\partial C}{\partial \sigma_B}\frac{\mathrm{d}\sigma_B}{\mathrm{d}\alpha}+\frac{\partial C}{\partial \alpha} \tag{5-8}$$

将其带入裂纹扩展基本控制方程得

$$
\begin{aligned}
2\sqrt{2}\frac{E\varepsilon}{\sigma_Y}\overline{\mathrm{CTOA}}_{\mathrm{c}}=&\left(\frac{\partial C}{\partial \sigma_B}\cos\alpha-\frac{\partial A}{\partial \sigma_B}+p_1\right)\frac{\mathrm{d}\sigma_B}{\mathrm{d}\alpha}\\
&+\left(\frac{\partial C}{\partial \sigma_T}\cos\alpha-\frac{\partial A}{\partial \sigma_T}+p_2\right)\frac{\mathrm{d}\sigma_T}{\mathrm{d}\alpha}\\
&+\left(\frac{\partial C}{\partial \beta}\cos\alpha-\frac{\partial A}{\partial \beta}\right)\frac{\mathrm{d}\beta}{\mathrm{d}\alpha}+\frac{\partial C}{\partial \alpha}\cos\alpha-\frac{\partial A}{\partial \alpha}+H_{TB}
\end{aligned}
\tag{5-9}
$$

式中，

$$\frac{\partial A}{\partial \alpha}=-(\beta-\alpha)+\sqrt{2}\cot\left(\frac{\pi-\beta}{\sqrt{2}}\right)$$

$$
\begin{aligned}
\frac{\partial A}{\partial \beta}=&-\left(\beta-\alpha-\beta\sigma_T-\sigma_B\sin\beta\right)\cot^2\left(\frac{\pi-\beta}{\sqrt{2}}\right)\\
&-\sqrt{2}\left(1-\sigma_T-\sigma_B\cos\beta\right)\cot\left(\frac{\pi-\beta}{\sqrt{2}}\right)-\frac{\cot\left(\dfrac{\pi-\beta}{\sqrt{2}}\right)}{\sin\left(\dfrac{\pi-\beta}{\sqrt{2}}\right)}-\sigma_B\sin\gamma
\end{aligned}
$$

$$\frac{\partial A}{\partial \sigma_T}=-\frac{1}{2}\beta^2+\sqrt{2}\beta\cot\left(\frac{\pi-\beta}{\sqrt{2}}\right)$$

$$\frac{\partial A}{\partial \sigma_B}=\cos\beta+\sqrt{2}\sin\beta\cot\left(\frac{\pi-\beta}{\sqrt{2}}\right)-\frac{\sqrt{2}\sin\gamma}{\sin\left(\dfrac{\pi-\beta}{\sqrt{2}}\right)}$$

$$\frac{\partial C}{\partial \alpha}=-\frac{1+\cos(\beta-\alpha)}{\sin\beta}$$

$$\frac{\partial C}{\partial \beta} = \frac{1}{\sin^2\beta}\left[(\beta\cos\beta - \sin\beta)\sigma_T + \frac{1}{2}(\beta - \sin\beta\cos\beta)\sigma_B + \sin\alpha + \sin\beta - (\beta - \alpha)\cos\beta\right]$$

$$\frac{\partial C}{\partial \sigma_T} = -\frac{\beta}{\sin\beta}$$

$$\frac{\partial C}{\partial \sigma_B} = -\frac{7\sin\beta + \beta\cos\beta}{2\sin\beta}$$

根据第 4 章中决定塑性拉应力区域长度的 β 值和决定塑性压应力区域长度的 γ 值的非线性方程组中的第一个方程（$\gamma = \pi$ 始终满足第二个非线性方程的根），可以直接得到裂纹控制方程中 $\dfrac{\mathrm{d}\beta}{\mathrm{d}\alpha}$ 项关于载荷项 $\dfrac{\mathrm{d}\sigma_B}{\mathrm{d}\alpha}$ 和 $\dfrac{\mathrm{d}\sigma_T}{\mathrm{d}\alpha}$ 的关系，并对其 α 求导得

$$\frac{\mathrm{d}\beta}{\mathrm{d}\alpha} = \frac{\dfrac{\partial N_1}{\partial \alpha} - B_1\dfrac{\mathrm{d}\sigma_T}{\mathrm{d}\alpha} - D_1\dfrac{\mathrm{d}\sigma_B}{\mathrm{d}\alpha}}{\dfrac{\partial B_1}{\partial \beta}\sigma_T + \dfrac{\partial D_1}{\partial \beta}\sigma_B - \dfrac{\partial N_1}{\partial \beta}} \qquad (5\text{-}10)$$

将其带入裂纹扩展控制方程即可得到裂纹截面未出现塑性压应力区域阶段的裂纹扩展控制方程，即

$$\begin{aligned}
2\sqrt{2}\,\frac{E\varepsilon}{\sigma_Y}\overline{\mathrm{CTOA}_\mathrm{c}} = {} & \left(\frac{\partial C}{\partial \sigma_B}\cos\alpha - \frac{\partial A}{\partial \sigma_B} + p_1\right)\frac{\mathrm{d}\sigma_B}{\mathrm{d}\alpha} \\
& + \left(\frac{\partial C}{\partial \sigma_T}\cos\alpha - \frac{\partial A}{\partial \sigma_T} + p_2\right)\frac{\mathrm{d}\sigma_T}{\mathrm{d}\alpha} \\
& + \left(\frac{\partial C}{\partial \beta}\cos\alpha - \frac{\partial A}{\partial \beta}\right)\left(\frac{\dfrac{\partial N_1}{\partial \alpha} - B_1\dfrac{\mathrm{d}\sigma_T}{\mathrm{d}\alpha} - D_1\dfrac{\mathrm{d}\sigma_B}{\mathrm{d}\alpha}}{\dfrac{\partial B_1}{\partial \beta}\sigma_T + \dfrac{\partial D_1}{\partial \beta}\sigma_B - \dfrac{\partial N_1}{\partial \beta}}\right) \\
& + \frac{\partial C}{\partial \alpha}\cos\alpha - \frac{\partial A}{\partial \alpha} + H_{TB}
\end{aligned} \qquad (5\text{-}11)$$

5.2.2　有塑性压应力扩展

作用在平台横撑上的载荷继续增大，或横撑裂纹截面的裂纹张角扩展到一定阶段，平台横撑截面受压一侧在外载的作用下则有可能出现塑性压应力区域。

当平台横撑裂纹截面出现塑性压应力区域（即 $\gamma < \pi$）时，可认为决定平台横撑裂纹截面裂纹塑性拉应力区域长度和塑性压应力区域长度的 β 和 γ，以及作用在平台横撑结构上的轴向拉伸载荷 σ_T 和弯曲载荷 σ_B 均为裂纹张角 α 的函数。

当裂纹截面出现塑性压应力区域时，决定塑性压应力区域的 γ 值未知，相对于横撑裂纹截面无塑性压应力区域裂纹扩展阶段；虽然该阶段的推导过程较为复

杂，但推导思路基本一致。

同样，对于 5.1 节中的裂纹扩展基本控制方程中的 $\dfrac{\mathrm{d}C}{\mathrm{d}\alpha}$ 项和 $\dfrac{\mathrm{d}A}{\mathrm{d}\alpha}$ 分别为关于

$(\alpha,\ \beta,\ \sigma_T,\ \sigma_B)$ 和 $(\alpha,\ \beta,\ \gamma,\ \sigma_T,\ \sigma_B)$ 的函数，可将其写为

$$\frac{\mathrm{d}A}{\mathrm{d}\alpha}=\frac{\partial A}{\partial \beta}\frac{\mathrm{d}\beta}{\mathrm{d}\alpha}+\frac{\partial A}{\partial \gamma}\frac{\mathrm{d}\gamma}{\mathrm{d}\alpha}+\frac{\partial A}{\partial \sigma_T}\frac{\mathrm{d}\sigma_T}{\mathrm{d}\alpha}+\frac{\partial A}{\partial \sigma_B}\frac{\mathrm{d}\sigma_B}{\mathrm{d}\alpha}+\frac{\partial A}{\partial \alpha} \tag{5-12}$$

$$\frac{\mathrm{d}C}{\mathrm{d}\alpha}=\frac{\partial C}{\partial \beta}\frac{\mathrm{d}\beta}{\mathrm{d}\alpha}+\frac{\partial C}{\partial \sigma_T}\frac{\mathrm{d}\sigma_T}{\mathrm{d}\alpha}+\frac{\partial C}{\partial \sigma_B}\frac{\mathrm{d}\sigma_B}{\mathrm{d}\alpha}+\frac{\partial C}{\partial \alpha} \tag{5-13}$$

将其带入裂纹扩展基本控制方程，整理得

$$2\sqrt{2}\frac{E\varepsilon}{\sigma_Y}\overline{\mathrm{CTOA}}_c=\left(\frac{\partial C}{\partial \sigma_B}\cos\alpha-\frac{\partial A}{\partial \sigma_B}+p_1\right)\frac{\mathrm{d}\sigma_B}{\mathrm{d}\alpha}+\left(\frac{\partial C}{\partial \sigma_T}\cos\alpha-\frac{\partial A}{\partial \sigma_T}+p_2\right)\frac{\mathrm{d}\sigma_T}{\mathrm{d}\alpha}$$
$$+\left(\frac{\partial C}{\partial \beta}\cos\alpha-\frac{\partial A}{\partial \beta}\right)\frac{\mathrm{d}\beta}{\mathrm{d}\alpha}-\frac{\partial A}{\partial \gamma}\frac{\mathrm{d}\gamma}{\mathrm{d}\alpha}+\frac{\partial C}{\partial \alpha}\cos\alpha-\frac{\partial A}{\partial \alpha}+H_{TB} \tag{5-14}$$

式中，

$$\frac{\partial A}{\partial \alpha}=-(\beta-\alpha)+\sqrt{2}\cot\left(\frac{\gamma-\beta}{\sqrt{2}}\right)$$

$$\frac{\partial A}{\partial \beta}=-(\beta-\alpha-\beta\sigma_T-\sigma_B\sin\beta)\cot^2\left(\frac{\gamma-\beta}{\sqrt{2}}\right)$$

$$-\sqrt{2}(1-\sigma_T-\sigma_B\cos\beta)\cot\left(\frac{\gamma-\beta}{\sqrt{2}}\right)-\frac{\cot\left(\dfrac{\gamma-\beta}{\sqrt{2}}\right)}{\sin\left(\dfrac{\gamma-\beta}{\sqrt{2}}\right)}$$

$$+\pi-\gamma+(\pi-\gamma)\sigma_T-\sigma_B\sin\gamma$$

$$\frac{\partial A}{\partial \gamma}=-\frac{\sqrt{2}}{\sin\left(\dfrac{\gamma-\beta}{\sqrt{2}}\right)}(1+\sigma_T+\sigma_B\cos\gamma)$$

$$+\frac{1}{\sin^2\left(\dfrac{\gamma-\beta}{\sqrt{2}}\right)}\left\{[-\pi+\gamma-(\pi-\gamma)\sigma_T+\sigma_B\sin\gamma]\cos\left(\frac{\gamma-\beta}{\sqrt{2}}\right)+\beta-\alpha-\beta\sigma_T-\sigma_B\sin\beta\right\}$$

$$\frac{\partial A}{\partial \sigma_T}=-\frac{1}{2}\beta^2+\sqrt{2}\beta\cot\left(\frac{\gamma-\beta}{\sqrt{2}}\right)+\frac{\sqrt{2}(\pi-\gamma)}{\sin\left(\dfrac{\gamma-\beta}{\sqrt{2}}\right)}$$

$$\frac{\partial A}{\partial \sigma_B}=\cos\beta+\sqrt{2}\sin\beta\cot\left(\frac{\gamma-\beta}{\sqrt{2}}\right)-\frac{\sqrt{2}\sin\gamma}{\sin\left(\dfrac{\gamma-\beta}{\sqrt{2}}\right)}$$

$$\frac{\partial C}{\partial \alpha} = -\frac{1+\cos(\beta-\alpha)}{\sin\beta}$$

$$\frac{\partial C}{\partial \beta} = \frac{1}{\sin^2\beta}\left[(\beta\cos\beta-\sin\beta)\sigma_T + \frac{1}{2}(\beta-\sin\beta\cos\beta)\sigma_B + \sin\alpha + \sin\beta - (\beta-\alpha)\cos\beta\right]$$

$$\frac{\partial C}{\partial \sigma_T} = -\frac{\beta}{\sin\beta}$$

$$\frac{\partial C}{\partial \sigma_B} = -\frac{7\sin\beta+\beta\cos\beta}{2\sin\beta}$$

另外，根据第 4 章解析模型中决定 Dugdale 塑性区域范围的 β、决定塑性压应力区域长度的 γ 两个角度位置参量的解析方程组，可以获得上述裂纹扩展控制方程中 $\dfrac{\mathrm{d}\sigma_B}{\mathrm{d}\alpha}$、$\dfrac{\mathrm{d}\sigma_T}{\mathrm{d}\alpha}$ 与 $\dfrac{\mathrm{d}\beta}{\mathrm{d}\alpha}$ 和 $\dfrac{\mathrm{d}\gamma}{\mathrm{d}\alpha}$ 之间的关系。

分别将解析方程组对 α 求导：

$$\left(\frac{\partial B_1}{\partial \beta}\sigma_T + \frac{\partial D_1}{\partial \beta}\sigma_B - \frac{\partial N_1}{\partial \beta}\right)\frac{\mathrm{d}\beta}{\mathrm{d}\alpha} + \left(\frac{\partial B_1}{\partial \gamma}\sigma_T + \frac{\partial D_1}{\partial \gamma}\sigma_B - \frac{\partial N_1}{\partial \gamma}\right)\frac{\mathrm{d}\gamma}{\mathrm{d}\alpha} + B_1\frac{\mathrm{d}\sigma_T}{\mathrm{d}\alpha} + D_1\frac{\mathrm{d}\sigma_B}{\mathrm{d}\alpha} - \frac{\partial N_1}{\partial \alpha} = 0$$

$$\left(\frac{\partial B_2}{\partial \beta}\sigma_T + \frac{\partial D_2}{\partial \beta}\sigma_B - \frac{\partial N_2}{\partial \beta}\right)\frac{\mathrm{d}\beta}{\mathrm{d}\alpha} + \left(\frac{\partial B_2}{\partial \gamma}\sigma_T + \frac{\partial D_2}{\partial \gamma}\sigma_B - \frac{\partial N_2}{\partial \gamma}\right)\frac{\mathrm{d}\gamma}{\mathrm{d}\alpha} + B_2\frac{\mathrm{d}\sigma_T}{\mathrm{d}\alpha} + D_2\frac{\mathrm{d}\sigma_B}{\mathrm{d}\alpha} - \frac{\partial N_2}{\partial \alpha} = 0$$

并利用上面两个方程将裂纹扩展控制方程中的 $\dfrac{\mathrm{d}\beta}{\mathrm{d}\alpha}$ 和 $\dfrac{\mathrm{d}\gamma}{\mathrm{d}\alpha}$ 两项采用 $\dfrac{\mathrm{d}\sigma_B}{\mathrm{d}\alpha}$、$\dfrac{\mathrm{d}\sigma_T}{\mathrm{d}\alpha}$ 形式表述，得

$$\frac{\mathrm{d}\beta}{\mathrm{d}\alpha} = I_1\frac{\mathrm{d}\sigma_B}{\mathrm{d}\alpha} + I_2\frac{\mathrm{d}\sigma_T}{\mathrm{d}\alpha} + I_3 \tag{5-15}$$

$$\frac{\mathrm{d}\gamma}{\mathrm{d}\alpha} = L_1\frac{\mathrm{d}\sigma_B}{\mathrm{d}\alpha} + L_2\frac{\mathrm{d}\sigma_T}{\mathrm{d}\alpha} + L_3 \tag{5-16}$$

式中，

$$K_1 I_1 = D_2\left(\frac{\partial B_1}{\partial \gamma}\sigma_T + \frac{\partial D_1}{\partial \gamma}\sigma_B + B_1\frac{\mathrm{d}\sigma_T}{\mathrm{d}\alpha} + D_1\frac{\mathrm{d}\sigma_B}{\mathrm{d}\alpha} - \frac{\partial N_1}{\partial \gamma}\right)$$

$$- D_1\left(\frac{\partial B_2}{\partial \gamma}\sigma_T + \frac{\partial D_2}{\partial \gamma}\sigma_B + B_2\frac{\mathrm{d}\sigma_T}{\mathrm{d}\alpha} + D_2\frac{\mathrm{d}\sigma_B}{\mathrm{d}\alpha} - \frac{\partial N_2}{\partial \gamma}\right)$$

$$K_1 I_2 = B_2\left(\frac{\partial B_1}{\partial \gamma}\sigma_T + \frac{\partial D_1}{\partial \gamma}\sigma_B + B_1\frac{\mathrm{d}\sigma_T}{\mathrm{d}\alpha} + D_1\frac{\mathrm{d}\sigma_B}{\mathrm{d}\alpha} - \frac{\partial N_1}{\partial \gamma}\right)$$

$$- B_1\left(\frac{\partial B_2}{\partial \gamma}\sigma_T + \frac{\partial D_2}{\partial \gamma}\sigma_B + B_2\frac{\mathrm{d}\sigma_T}{\mathrm{d}\alpha} + D_2\frac{\mathrm{d}\sigma_B}{\mathrm{d}\alpha} - \frac{\partial N_2}{\partial \gamma}\right)$$

$$K_1 I_3 = \left(\frac{\partial B_2}{\partial \gamma} \sigma_T + \frac{\partial D_2}{\partial \gamma} \sigma_B + B_2 \frac{\mathrm{d}\sigma_T}{\mathrm{d}\alpha} + D_2 \frac{\mathrm{d}\sigma_B}{\mathrm{d}\alpha} - \frac{\partial N_2}{\partial \gamma} \right) \frac{\partial N_1}{\partial \alpha}$$

$$- \left(\frac{\partial B_1}{\partial \gamma} \sigma_T + \frac{\partial D_1}{\partial \gamma} \sigma_B + B_1 \frac{\mathrm{d}\sigma_T}{\mathrm{d}\alpha} + D_1 \frac{\mathrm{d}\sigma_B}{\mathrm{d}\alpha} - \frac{\partial N_1}{\partial \gamma} \right) \frac{\partial N_2}{\partial \alpha}$$

$$K_1 L_1 = D_1 \left(\frac{\partial B_2}{\partial \beta} \sigma_T + \frac{\partial D_2}{\partial \beta} \sigma_B + B_2 \frac{\mathrm{d}\sigma_T}{\mathrm{d}\alpha} + D_2 \frac{\mathrm{d}\sigma_B}{\mathrm{d}\alpha} - \frac{\partial N_2}{\partial \beta} \right)$$

$$- D_2 \left(\frac{\partial B_1}{\partial \beta} \sigma_T + \frac{\partial D_1}{\partial \beta} \sigma_B + B_1 \frac{\mathrm{d}\sigma_T}{\mathrm{d}\alpha} + D_1 \frac{\mathrm{d}\sigma_B}{\mathrm{d}\alpha} - \frac{\partial N_1}{\partial \beta} \right)$$

$$K_1 L_2 = B_1 \left(\frac{\partial B_2}{\partial \beta} \sigma_T + \frac{\partial D_2}{\partial \beta} \sigma_B + B_2 \frac{\mathrm{d}\sigma_T}{\mathrm{d}\alpha} + D_2 \frac{\mathrm{d}\sigma_B}{\mathrm{d}\alpha} - \frac{\partial N_2}{\partial \beta} \right)$$

$$- B_2 \left(\frac{\partial B_1}{\partial \beta} \sigma_T + \frac{\partial D_1}{\partial \beta} \sigma_B + B_1 \frac{\mathrm{d}\sigma_T}{\mathrm{d}\alpha} + D_1 \frac{\mathrm{d}\sigma_B}{\mathrm{d}\alpha} - \frac{\partial N_1}{\partial \beta} \right)$$

$$K_1 L_3 = \left(\frac{\partial B_1}{\partial \beta} \sigma_T + \frac{\partial D_1}{\partial \beta} \sigma_B + B_1 \frac{\mathrm{d}\sigma_T}{\mathrm{d}\alpha} + D_1 \frac{\mathrm{d}\sigma_B}{\mathrm{d}\alpha} - \frac{\partial N_1}{\partial \beta} \right) \frac{\partial N_2}{\partial \alpha}$$

$$- \left(\frac{\partial B_2}{\partial \beta} \sigma_T + \frac{\partial D_2}{\partial \beta} \sigma_B + B_2 \frac{\mathrm{d}\sigma_T}{\mathrm{d}\alpha} + D_2 \frac{\mathrm{d}\sigma_B}{\mathrm{d}\alpha} - \frac{\partial N_2}{\partial \beta} \right) \frac{\partial N_1}{\partial \alpha}$$

$$K_1 = \left(\frac{\partial B_1}{\partial \beta} \sigma_T + \frac{\partial D_1}{\partial \beta} \sigma_B + B_1 \frac{\mathrm{d}\sigma_T}{\mathrm{d}\alpha} + D_1 \frac{\mathrm{d}\sigma_B}{\mathrm{d}\alpha} - \frac{\partial N_1}{\partial \beta} \right)$$

$$\times \left(\frac{\partial B_2}{\partial \gamma} \sigma_T + \frac{\partial D_2}{\partial \gamma} \sigma_B + B_2 \frac{\mathrm{d}\sigma_T}{\mathrm{d}\alpha} + D_2 \frac{\mathrm{d}\sigma_B}{\mathrm{d}\alpha} - \frac{\partial N_2}{\partial \gamma} \right)$$

$$- \left(\frac{\partial B_1}{\partial \gamma} \sigma_T + \frac{\partial D_1}{\partial \gamma} \sigma_B + B_1 \frac{\mathrm{d}\sigma_T}{\mathrm{d}\alpha} + D_1 \frac{\mathrm{d}\sigma_B}{\mathrm{d}\alpha} - \frac{\partial N_1}{\partial \gamma} \right)$$

$$\times \left(\frac{\partial B_2}{\partial \beta} \sigma_T + \frac{\partial D_2}{\partial \beta} \sigma_B + B_2 \frac{\mathrm{d}\sigma_T}{\mathrm{d}\alpha} + D_2 \frac{\mathrm{d}\sigma_B}{\mathrm{d}\alpha} - \frac{\partial N_2}{\partial \beta} \right)$$

将上式带入裂纹扩展控制方程，即可获得横撑裂纹截面出现塑性压应力区域阶段的裂纹扩展控制方程，即

$$2\sqrt{2} \frac{E\varepsilon}{\sigma_F} \overline{\mathrm{CTOA}}_c = \left[\frac{\partial C}{\partial \sigma_B} \cos\alpha - \frac{\partial A}{\partial \sigma_B} + p_1 + \left(\frac{\partial C}{\partial \beta} \cos\alpha - \frac{\partial A}{\partial \beta} \right) I_1 - \frac{\partial A}{\partial \gamma} L_1 \right] \frac{\mathrm{d}\sigma_B}{\mathrm{d}\alpha}$$

$$+ \left[\frac{\partial C}{\partial \sigma_T} \cos\alpha - \frac{\partial A}{\partial \sigma_T} + p_2 + \left(\frac{\partial C}{\partial \beta} \cos\alpha - \frac{\partial A}{\partial \beta} \right) I_2 - \frac{\partial A}{\partial \gamma} L_2 \right] \frac{\mathrm{d}\sigma_T}{\mathrm{d}\alpha} + \frac{\partial C}{\partial \alpha} \cos\alpha$$

$$- \frac{\partial A}{\partial \alpha} + \left(\frac{\partial C}{\partial \beta} \cos\alpha - \frac{\partial A}{\partial \beta} \right) I_3 - \frac{\partial A}{\partial \gamma} L_3 + H_{TB}$$

$$\text{(5-17)}$$

另外，当平台横撑在外载作用下裂纹继续扩展，横撑裂纹截面将进入完全塑性化阶段。当裂纹截面进入该阶段之后，裂纹截面只存在周向穿透裂纹区域、塑性拉应力区域和塑性压应力区域，裂纹截面弹性区域（即 $\beta < \theta < \gamma$）收缩为一点。可以认为，当平台横撑裂纹截面进入完全塑性裂纹扩展时，决定裂纹截面塑性拉压应力区域长度的 β 值与 γ 值相等。

利用第 4 章中解析 β 值与 γ 值的非线性方程组，可以得到以下等效关系式，即

$$\beta = \gamma = 0.5(\pi + \alpha + \pi\sigma_T) \tag{5-18}$$

$$0.25\pi\sigma_B - \cos(0.5\alpha + 0.5\pi\sigma_T) + 0.5\sin\alpha = 0 \tag{5-19}$$

5.2.3　承载极限分析

鉴于深水半潜式平台设计建造以及后期维护的巨大经济投入和海上油气钻采作业安全性的要求，平台结构安全性成为海洋工程界关注的重点。

半潜式平台水平横撑是平台结构中较为薄弱的构件之一，横撑构件的破坏失效必将影响平台其他构件的安全性。为此，研究确定水平横撑的极限承载能力非常必要，尤其是横撑构件出现裂纹之后的承载能力是否满足平台作业的要求或能否承受给定的海洋环境载荷尤为重要。

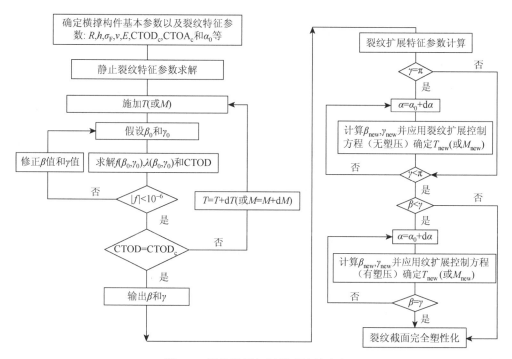

图 5-3　裂纹扩展解析模型计算流程

对于外载作用下的含裂纹横撑构件从裂纹的出现到横撑断裂，必将经历静止裂纹、裂纹稳定扩展（包括裂纹截面无塑性压应力区域到出现塑性压应力区域）、塑性破坏失效等几个过程。为了计算含裂纹横撑构件在裂纹扩展到不同位置时的承载能力，本节将结合第 4 章的含裂纹横撑静止裂纹解析模型和裂纹扩展整个过程含裂纹横撑的承载能力的变化情况进行分析，其计算流程如图 5-3 所示。

1. 静止裂纹阶段

含裂纹横撑静止裂纹断裂特征参数与第 4 章计算流程一致，该阶段计算中裂纹初始张角 α 为已知量。首先施加初始拉伸载荷 T（或弯曲载荷 M），假设决定横撑裂纹截面弹塑性区域长度的 β_0 值和 γ_0 值，并根据假设条件计算出满足精度要求的 β 值和 γ 值；并反复修正初始拉伸载荷 $T = T + \mathrm{d}T$（或弯曲载荷 $M = M + \mathrm{d}M$），直到 CTOD 达到临界裂纹张开位移 $\mathrm{CTOD_c}$ 值，即满足裂纹开裂条件。

2. 裂纹扩展阶段

（1）利用符合裂纹开裂条件的静止裂纹特征参数 β 值，判断横撑裂纹截面是否出现塑性压应力区域；若横撑裂纹截面出现塑性压应力区域，即 $\beta < \pi$，则进入步骤（3），若没有出现塑性压应力区域则进入步骤（2）。

（2）若裂纹截面没有出现塑性压应力区域，在原有周向穿透裂纹张角的基础上施加裂纹扩展角 $\mathrm{d}\alpha$，利用扩展之后的裂纹张角计算出决定裂纹截面弹塑性区域长度的 β_{new} 值和 γ_{new} 值；并应用无塑性压应力区域裂纹扩展控制方程，确定出裂纹扩展所需的拉伸载荷 T_{new}（或弯曲载荷 M_{new}），判断横撑裂纹截面是否出现塑性压应力区域；若裂纹截面出现塑性压应力区域，则进入步骤（3），否则重复该步骤。

（3）判断裂纹截面是否存在弹性区域，若横撑裂纹截面存在弹性区域，则进入步骤（4），若不存在弹性区域（即 $\gamma = \beta$），则表明含裂纹横撑在外载作用下进入完全塑性阶段，计算结束。

（4）施加裂纹扩展角度 $\mathrm{d}\alpha$，利用扩展之后的裂纹张角计算出决定裂纹截面弹塑性区域长度的 β_{new} 值和 γ_{new} 值，并应用出现塑性压应力区域裂纹扩展控制方程确定出裂纹扩展所需的拉伸载荷 T_{new}（或弯曲载荷 M_{new}），并判断横撑截面是否进入完全塑性阶段，若是则结束计算，否则重复该步骤。

对于含裂纹横撑构件承载能力的分析方法，目前通常采用裂纹截面全塑性法对其承载能力进行评估。即从塑性强度的角度出发，忽略裂纹扩展的影响，采用裂纹截面周向穿透裂纹区域以外剩余部分为全塑性内力来推算构件的承载极限。由于该方法忽略了含裂纹构件弹塑性区域的存在以及裂纹扩展引起承载能力的变化，因此该方法过高地估计了含裂纹构件的承载能力。

　　另外一种分析方法是直接基于断裂力学，将裂纹起裂时的结构强度作为构件极限承载能力的简单方法。由于本书分析的含裂纹横撑构件的裂纹位于最容易出现应力集中区域的横撑与立柱等刚度较大构件的连接区域，刚度较大构件对其存在约束作用，当横撑出现裂纹时并不会立刻断裂失效，横撑构件断裂之前必然会经历比较缓慢的裂纹扩展过程。

　　以亚历山大·基兰德号半潜式平台倾覆事故为例，其横撑在最终断裂之前，周向穿透裂纹已经扩展到横撑圆周长度的 2/3 左右，显然将横撑构件裂纹起裂时的结构强度作为含裂纹横撑的承载极限较为保守，不能真实反映平台水平横撑的真实承载能力。

　　综上所述，对含裂纹横撑的承载极限进行合理评估时，不能回避裂纹截面的弹塑性损伤和裂纹扩展对其承载能力的影响。为此，本节利用考虑含裂纹横撑裂纹截面弹塑性区域变化的裂纹扩展分析模型，对含裂纹横撑构件的承载能力进行分析，计算结果如图 5-4 和图 5-5 所示。

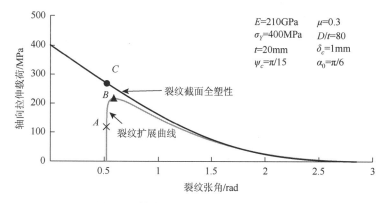

图 5-4　轴向拉伸载荷与裂纹扩展关系

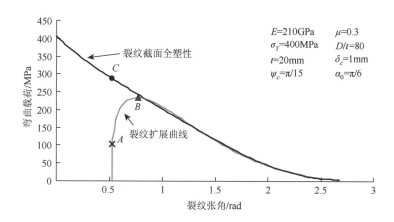

图 5-5　弯曲载荷与裂纹扩展关系

图 5-4 和图 5-5 中，A 点为水平横撑裂纹起裂点；B 点为采用解析模型，并考虑含裂纹横撑裂纹截面弹塑性区域变化的裂纹扩展，计算得到的含裂纹横撑的承载极限；C 点为不考虑裂纹扩展，简单扣除横撑周向穿透裂纹截面全塑性内力而推算得到，即采用截面全塑性法得到的含裂纹横撑的承载极限。

可以看出，含裂纹水平横撑结构承载极限的下限为裂纹起裂强度，采用截面全塑性法获得的极限强度可以认为是含裂纹横撑结构极限承载能力的上限，而采用本书解析模型考虑裂纹截面弹塑性区域变化的裂纹扩展解析模型得到的极限承载能力居于两者之间，它更能真实反映环境载荷作用下含裂纹水平横撑的极限承载能力。

5.3　横撑承载极限实验分析

针对本书周向穿透裂纹位于半潜式平台水平横撑与刚度远大于横撑结构的立柱之间的断裂特性研究问题，解析结果缺乏、数值仿真也比较困难的情况下，为了验证本书解析模型计算结果的准确性，有必要对这类问题进行相关实验研究。另外，由于深水半潜式平台结构研究在国内还处于比较初级的阶段，针对深水半潜式平台含裂纹损伤水平横撑结构的断裂研究并不成熟。

尽笔者所见，到目前为止还没有针对深水半潜式平台含裂纹横撑结构断裂的相关实验研究结果发表。华中科技大学曾经做过一系列常规含周向穿透裂纹圆柱筒的承载能力实验[115, 116]，但是该实验主要针对周向穿透裂纹位于圆柱筒体中部位置的断裂研究，即裂纹边界为自由约束状态。经与主持该实验的负责人沟通讨论，认为其中一组弯曲载荷条件下对含裂纹圆柱筒体刚性固定约束试验（如图 5-6 所示）能够满足本书研究解析模型验证的需求。

图 5-6　含裂纹圆柱筒刚性固定支撑

　　限于时间和实验条件的限制，为验证本书解析模型计算方法与结果的可靠性，采用图 5-6 所示弯曲载荷作用下含周向穿透裂纹圆柱筒体边界刚性约束的试验结果，验证作者提出的解析模型的正确性。

　　实验试件为外径 127mm、壁厚 4mm、长度 1600mm，材料 20 钢（GB/T8162—1999），裂纹初始张角为 60°。计算中选取与试验对象相同的结构参数、材料断裂参数（$\overline{CTOD_c} = 1.045mm$、$\overline{CTOA_c} = 0.15rad$）和初始裂纹张角，采用解析模型（拉伸载荷项均取零）计算载荷与裂纹扩展关系，并与实验结果进行对比分析，如图 5-7 所示。

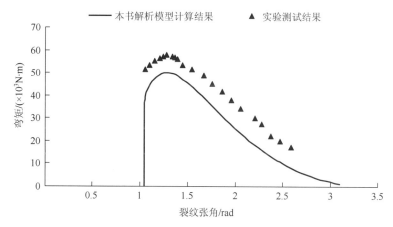

图 5-7　承载能力与裂纹扩展关系解析模型结果与实验结果对比

　　可以看出，解析模型计算结果与实验测试结果中的起裂位置和极限载荷位置一致，含裂纹圆柱筒承载能力与裂纹张角扩展变化趋势保持一致。由于实验试件所选用的材料带有一定的加工硬化，而解析模型中使用的材料被假设为理想弹塑性材料；另外为了获得模型解析结果，本书采用 Dugdale 模型对裂纹截面塑性区域进行描述，从而忽略了构件高维塑性区域的影响，因此理论计算结果与实验数据在数值大小上存在一定的差距，误差范围在 9.5% 左右。

5.4　算例与分析

5.4.1　裂纹界面不同约束承载对比

　　解析模型裂纹位于半潜式平台水平横撑与立柱连接部位，由于裂纹边界存在刚性固定边界约束，含周向穿透裂纹横撑的起裂载荷、裂纹扩展情况和极限承载能力与裂纹位于其他自由约束等非连接部位存在一定的差异。本节对轴向拉伸载荷及弯曲载荷作用下含裂纹横撑裂纹边界自由约束和解析模型中含裂纹横撑裂纹边界固定约束时的承载能力进行对比分析。

在横撑材料、结构参数相同的情况下，对分别位于横撑中段和横撑与立柱连接部位的周向穿透裂纹进行讨论，拉伸载荷及弯曲载荷作用下不同约束形式裂纹扩展曲线如图 5-8 和图 5-9 所示。

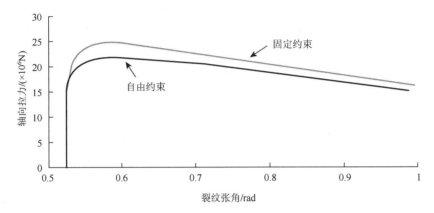

图 5-8　拉伸载荷作用下不同约束形式裂纹扩展曲线

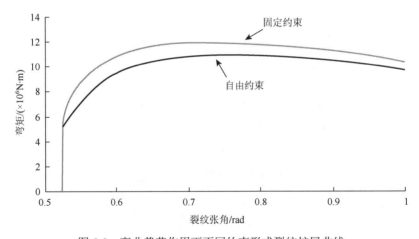

图 5-9　弯曲载荷作用下不同约束形式裂纹扩展曲线

可以看出，在裂纹初始张角一定的情况下，含裂纹横撑裂纹截面自由约束与固定约束时裂纹扩展曲线基本一致，相对于裂纹截面自由约束的含裂纹横撑，当裂纹位于横撑与立柱连接部位时具有更高的承载能力。

另外，裂纹截面固定约束时含裂纹横撑起裂载荷明显大于裂纹截面自由约束，如表 5-1 所示。可以看出，由于刚性固定边界约束的影响，靠近裂纹边界的约束增强，对裂纹的起裂以及裂纹扩展的阻碍相对于裂纹截面自由约束较大。

表 5-1　不同裂纹截面约束形式起裂载荷及极限载荷

		拉伸载荷/（×10⁶N）	弯曲载荷/（×10⁶N·m）
起裂载荷	自由约束	11.6616	5.1472
	固定约束	12.0637	5.3080
极限载荷	自由约束	21.7365	10.9644
	固定约束	24.7445	11.9355

5.4.2　拉弯载荷作用下横撑承载极限分析

由于半潜式平台在复杂海洋环境载荷作用下，平台横撑将承受各种不同载荷的综合作用，第 3 章分析结果显示，外载作用下半潜式平台水平横撑应力集中主要在横撑与立柱的连接部位，且主要受到拉伸和弯曲载荷的影响。

当弯曲载荷一定的情况下，横撑含周向裂纹的张角随拉伸载荷的变化曲线如图 5-10 所示；弯曲载荷相同的情况下，横撑起裂拉伸载荷及极限拉伸载荷的关系如表 5-2 所示。可以看出，横撑在承受不同弯曲载荷的情况下，裂纹张角随拉伸载荷的变化趋势一致；弯曲载荷越大，裂纹在拉伸载荷作用下的起裂载荷和极限载荷越低。

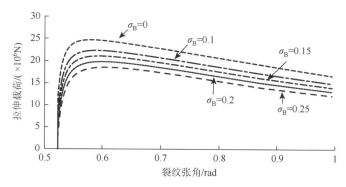

图 5-10　弯曲载荷一定时，周向穿透裂纹张角随拉伸载荷的变化

表 5-2　弯曲载荷一定时，起裂拉伸载荷和极限拉伸载荷变化情况

恒值弯曲载荷		起裂拉伸载荷		极限拉伸载荷	
无量纲	有量纲/（×10⁶N·m）	无量纲	载荷值/（×10⁶N）	无量纲	载荷值/（×10⁶N）
0	0	0.3	12.06	0.62	24.74
0.10	1.61	0.21	8.44	0.56	22.32
0.15	2.41	0.16	6.43	0.52	21.06
0.20	3.22	0.12	4.83	0.49	19.79
0.25	4.02	0.07	2.81	0.46	18.52

同样，当拉伸载荷一定的情况下，横撑含周向裂纹的张角随弯曲载荷的变化曲线如图 5-11 所示；拉伸载荷相同的情况下，横撑起裂弯曲载荷及极限弯曲载荷如表 5-3 所示。可以看出，横撑在承受不同拉伸载荷的情况下，裂纹张角随弯曲载荷的变化趋势一致；拉伸载荷越大，裂纹在弯曲载荷作用下的起裂载荷和极限载荷越低。

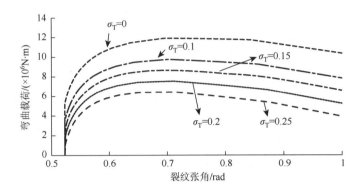

图 5-11　拉伸载荷一定时，周向穿透裂纹张角随弯曲载荷的变化

表 5-3　拉伸载荷一定时，起裂弯曲载荷和极限弯曲载荷变化情况

恒值拉伸载荷		起裂弯曲载荷		极限弯曲载荷	
无量纲	有量纲/（$\times 10^6$N）	无量纲	载荷值/（$\times 10^6$N·m）	无量纲	载荷值/（$\times 10^6$N·m）
0	0	0.33	5.31	0.74	11.94
0.10	4.02	0.22	3.54	0.61	9.78
0.15	6.03	0.17	2.73	0.54	8.68
0.20	8.04	0.11	1.77	0.47	7.55
0.25	10.05	0.06	0.97	0.40	6.42

5.4.3　横撑承载极限影响因素分析

如前所述，考虑裂纹扩展引起横撑裂纹截面弹塑性区域变化得到的含裂纹横撑构件的承载极限能力，更能反映出含裂纹水平横撑的真实承载能力；考虑裂纹扩展对含裂纹损伤的水平横撑构件的承载能力必然会受到 CTOD 以及 CTOA 等断裂特征参数的影响。此外，半潜式平台水平横撑结构参数、材料性能以及初始裂纹长度等因素也会影响含裂纹损伤半潜式平台水平横撑的承载极限。

对于考虑裂纹扩展影响的含裂纹横撑构件承载能力，虽然也可采用有限元方法进行模拟计算，但对于半潜式平台使用者则难以在短时间完成。另外，有限元数值算法通常是针对某一具体实例进行计算，很难对各个因素对平台横撑承载极限的影响进行全面的把握。

基于以上考虑，本节通过计算讨论裂纹初始张角、材料性能和不同结构参数对半潜式平台含裂纹损伤横撑结构承载极限的影响，对裂纹扩展引起横撑构件承载极限的变化给出定量的评价。

1. 初始裂纹张角的影响

半潜式平台含裂纹水平横撑在拉伸载荷或弯曲载荷作用下不同初始裂纹张角 α_0 对横撑承载极限的影响如图 5-12 和图 5-13 所示。可以看出，当平台横撑遭受拉伸载荷与弯曲载荷作用时，含周向穿透裂纹横撑不同初始裂纹对横撑裂纹截面扩展以及横撑承载极限的影响趋势一致；当含周向穿透裂纹平台横撑构件初始裂纹较大时，横撑含裂纹截面能够承担的极限强度和横撑实际承载能力都急剧下降；当初始裂纹处于比较小的范围时，含裂纹横撑的轴向承载极限变化较为平缓。不同初始裂纹张角对拉伸载荷及弯曲载荷的影响分别如表 5-4 和表 5-5 所示。

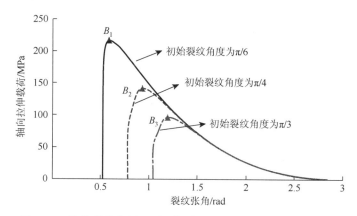

图 5-12　拉伸载荷作用下不同初始裂纹张角时的裂纹扩展曲线

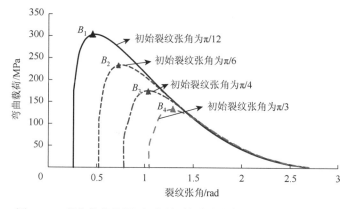

图 5-13　弯曲载荷作用下不同初始裂纹张角时的裂纹扩展曲线

表 5-4　不同初始裂纹张角对拉伸载荷的影响

	初始裂纹张角								
	$\pi/2$	$\pi/3$	$\pi/4$	$\pi/5$	$\pi/6$	$\pi/7$	$\pi/8$	$\pi/9$	$\pi/10$
起裂载荷/（$\times 10^6$N）	4.01	8.90	13.36	16.97	20.75	23.84	26.98	29.33	30.78
极限载荷/（$\times 10^6$N）	4.69	9.69	14.20	19.23	21.74	24.18	25.67	27.14	28.30

表 5-5　不同初始裂纹张角对弯曲载荷的影响

	初始裂纹张角										
	$\pi/2$	$\pi/3$	$\pi/4$	$\pi/5$	$\pi/6$	$\pi/7$	$\pi/8$	$\pi/9$	$\pi/10$	$\pi/11$	$\pi/12$
起裂载荷 /（$\times 10^6$N·m）	1.29	2.63	3.45	4.47	5.25	5.87	6.26	6.95	7.48	7.98	8.47
极限载荷 /（$\times 10^6$N·m）	3.24	6.77	8.99	10.70	11.96	12.87	13.71	14.24	14.49	15.00	15.49

2. 平台横撑径厚比的影响

在平台横撑截面厚度、裂纹初始张角等其他参数保持不变的情况下，考察横撑结构不同径厚比对含裂纹横撑的承载极限的影响。如图 5-14 和图 5-15 所示，不同径厚比横撑结构极限承载应力有所变化；随着径厚比的增大，横撑极限承载能力有所减小；相反，在横撑结构厚度和裂纹初始张角一定的情况下，随着径厚比的增大，横撑极限承载能力增大。因此，随着径厚比的增大含裂纹横撑的实际极限承载能力得到大幅度提升。不同横撑径厚比对拉伸载荷和弯曲载荷的影响分别如表 5-6 和表 5-7 所示。

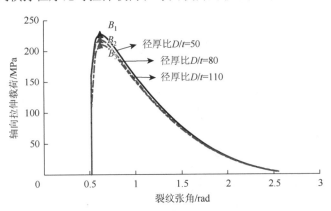

图 5-14　拉伸载荷作用下不同横撑厚度时的裂纹扩展曲线

表 5-6　不同横撑径厚比对拉伸载荷的影响

	横撑径厚比						
	20	50	80	110	140	170	200
起裂载荷/（$\times 10^6$N）	5.53	9.66	11.65	13.41	14.73	15.50	15.93
极限载荷/（$\times 10^6$N）	6.13	14.25	21.93	28.90	36.38	43.08	49.25

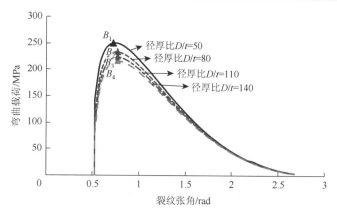

图 5-15　弯曲载荷作用下不同横撑径厚比时的裂纹扩展曲线

表 5-7　不同横撑径厚比对弯曲载荷的影响

	横撑径厚比						
	20	50	80	110	140	170	200
起裂载荷/（×10⁶N·m）	0.66	2.61	5.07	7.87	11.28	14.31	17.28
极限载荷/（×10⁶N·m）	0.86	5.00	11.93	21.63	33.83	48.61	64.90

3. 平台横撑壁厚的影响

计算结果表明，不同壁厚含周向穿透裂纹的水平横撑在初始裂纹张角等参数相同的情况下裂纹扩展规律基本一致，且含裂纹横撑极限承载能力仅有很小差别；与不同径厚比含裂纹平台横撑构件极限承载能力变化趋势一致，由于不同壁厚横撑极限承载能力差距很小，而横撑壁厚的增加导致实际承载截面积有所增加，因而平台横撑壁厚越大，含裂纹横撑实际极限承载能力越大，如图 5-16 和图 5-17 所示。不同横撑壁厚对拉伸载荷和弯曲载荷的影响分别如表 5-8 和表 5-9 所示。

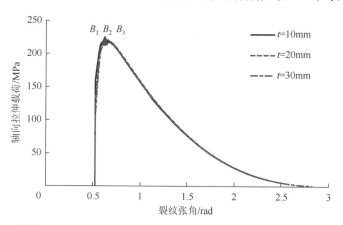

图 5-16　拉伸载荷作用下不同横撑厚度时的裂纹扩展曲线

表 5-8　不同横撑壁厚对拉伸载荷的影响

	横撑壁厚/mm						
	5	10	15	20	25	30	35
起裂载荷/（×10^6N）	1.18	3.83	7.29	11.62	16.45	21.79	28.46
极限载荷/（×10^6N）	1.42	5.55	12.38	22.09	34.14	48.96	67.17

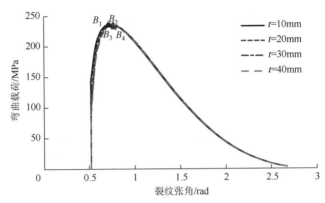

图 5-17　弯曲载荷作用下不同横撑厚度时的裂纹扩展曲线

表 5-9　不同横撑壁厚对弯曲载荷的影响

	横撑壁厚/mm							
	5	10	15	20	25	30	35	40	45
起裂载荷/（×10^6N·m）	0.14	0.82	2.39	5.09	9.30	14.29	21.46	28.82	39.88
极限载荷/（×10^6N·m）	0.19	1.52	5.08	12.10	23.60	40.61	64.24	95.52	137.15

4. 临界裂纹尖端张开位移的影响

不同临界裂纹尖端张开位移 $CTOD_c$ 对含裂纹横撑构件裂纹扩展以及极限承载能力的影响如图 5-18 和图 5-19 所示。$CTOD_c$ 越大将直接导致含裂纹横撑构件的起

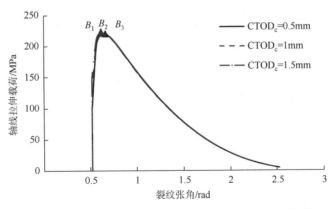

图 5-18　拉伸载荷作用下不同 $CTOD_c$ 时的裂纹扩展曲线

裂强度相应提高，但对考虑裂纹扩展影响的极限承载能力影响很小，不同 $CTOD_c$ 含裂纹横撑构件裂纹张角与承载能力的裂纹扩展关系基本一致，且极限承载仅有小幅度提升，因此可以看出临界裂纹张角并不是影响极限承载能力的主要因素。不同 $CTOD_c$ 对拉伸载荷和弯曲载荷的影响如表 5-10 和表 5-11 所示。

表 5-10　不同 $CTOD_c$ 对拉伸载荷的影响

	$CTOD_c$/mm						
	0.5	1	1.5	2	2.5	3	3.5
起裂载荷/（×10⁶N）	8.92	11.66	13.61	14.88	16.55	17.28	18.43
极限载荷/（×10⁶N）	22.09	22.18	22.38	22.27	22.35	22.62	22.52

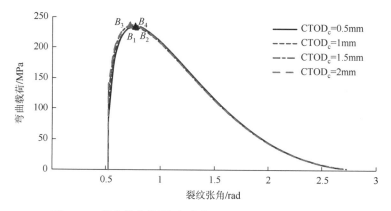

图 5-19　弯曲载荷作用下不同 $CTOD_c$ 时的裂纹扩展曲线

表 5-11　不同 $CTOD_c$ 对弯曲载荷的影响

	$CTOD_c$/mm						
	0.5	1	1.5	2	2.5	3	3.5
起裂载荷/（×10⁶N·m）	3.70	4.89	5.81	6.51	7.20	7.64	8.03
极限载荷/（×10⁶N·m）	12.02	11.92	12.12	12.07	12.07	12.15	12.26

5. 临界裂纹尖端张角的影响

临界裂纹尖端张角 $CTOA_c$ 的变化将直接对裂纹扩展控制方程产生影响，不同 $CTOA_c$ 对含裂纹横撑承载极限的影响如图 5-20 和图 5-21 所示。可以看出，在横撑结构达到承载极限之前裂纹张角与承载能力之间的裂纹扩展关系基本相同，$CTOA_c$ 越大，含裂纹横撑极限承载能力越好。不同 $CTOA_c$ 对拉伸载荷和弯曲载荷的影响分别如表 5-12 和表 5-13 所示。

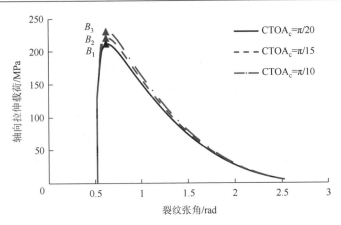

图 5-20　拉伸载荷作用下 CTOA$_c$ 时的裂纹扩展曲线

表 5-12　不同 CTOA$_c$ 对拉伸载荷的影响

	CTOA$_c$				
	$\pi/5$	$\pi/10$	$\pi/15$	$\pi/20$	$\pi/25$
起裂载荷/（×CTOA$_c$10^{6}N）	11.57	11.74	11.65	11.75	11.82
极限载荷/（×CTOA$_c$10^{6}N）	25.24	23.14	22.11	21.23	19.90

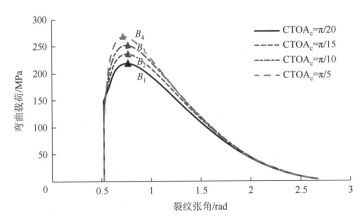

图 5-21　弯曲载荷作用下不同 CTOA$_c$ 时的裂纹扩展曲线

表 5-13　不同 CTOA$_c$ 对弯曲载荷的影响

	CTOA$_c$				
	$\pi/5$	$\pi/10$	$\pi/15$	$\pi/20$	$\pi/25$
起裂载荷/（×10^{6}N·m）	5.02	5.00	4.97	4.95	5.06
极限载荷/（×10^{6}N·m）	13.72	12.87	12.05	11.17	10.41

6. 材料屈服应力的影响

不同材料屈服应力对含裂纹横撑裂纹扩展以及承载能力的影响较为明显，如图 5-22 和图 5-23 所示。含裂纹横撑承载极限随平台横撑所用材料屈服应力的增大呈线性增长趋势。不同屈服应力对拉伸载荷和弯曲载荷的影响如表 5-14 和表 5-15 所示。

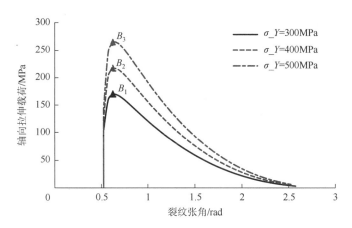

图 5-22 拉伸载荷作用下不同材料屈服应力时的裂纹扩展曲线

表 5-14 不同屈服应力对拉伸载荷的影响

	屈服应力/MPa							
	250	300	350	400	450	500	550	600
起裂载荷/（×10⁶N）	8.95	9.87	10.68	11.74	12.58	13.47	14.22	15.20
极限载荷/（×10⁶N）	14.32	17.05	19.56	21.76	24.32	26.56	28.66	30.80

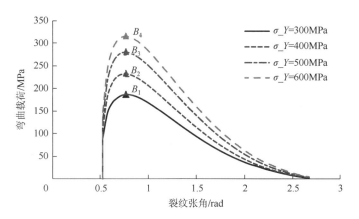

图 5-23 弯曲载荷作用下不同材料屈服应力时的裂纹扩展曲线

表 5-15　不同屈服应力对弯曲载荷的影响

	屈服应力/MPa							
	250	300	350	400	450	500	550	600
起裂载荷/（×10⁶N·m）	3.91	4.37	4.76	5.04	5.52	5.83	6.11	6.57
极限载荷/（×10⁶N·m）	8.11	9.58	10.80	11.89	13.08	14.34	14.97	16.15

7. 材料杨氏模量的影响

与材料屈服应力对含裂纹横撑的影响不同，横撑承载能力随杨氏模量的增大仅有小幅度提升，如图 5-24 和图 5-25 所示。由此可见材料杨氏模量对含裂纹横撑承载极限的影响比较很小。不同杨氏模量对拉伸载荷和弯曲载荷的影响如表 5-16 和表 5-17 所示。

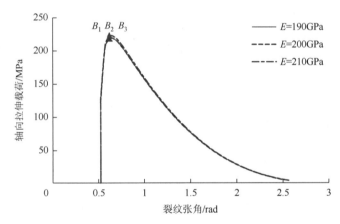

图 5-24　拉伸载荷作用下不同材料杨氏模量时的裂纹扩展曲线

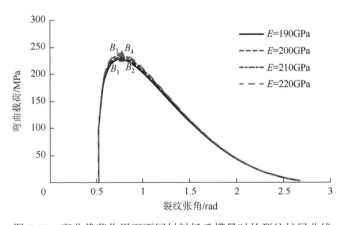

图 5-25　弯曲载荷作用下不同材料杨氏模量时的裂纹扩展曲线

表 5-16　不同杨氏模量对拉伸载荷的影响

	杨氏模量/GPa				
	180	190	200	210	220
起裂载荷/（×10⁶N）	11.13	11.64	11.64	12.06	12.31
极限载荷/（×10⁶N）	21.47	21.91	21.91	22.26	22.58

表 5-17　不同杨氏模量对弯曲载荷的影响

	杨氏模量/GPa				
	180	190	200	210	220
起裂载荷/（×10⁶N·m）	4.68	4.78	4.82	5.01	5.04
极限载荷/（×10⁶N·m）	11.48	11.67	11.85	12.03	12.20

综上所述，拉伸载荷与弯曲载荷作用下的含裂纹横撑在不同影响因素的情况下周向穿透裂纹载荷与裂纹张角之间的扩展关系以及考虑裂纹扩展影响的极限承载能力变化趋势基本一致。在所讨论的几个影响因素之中，初始裂纹张角、平台横撑几何特征参数和屈服应力对含裂纹横撑极限载荷影响较大，临界裂纹尖端张角对承载极限影响较小，临界裂纹张开位移与材料杨氏模量对含裂纹横撑的极限承载能力几乎没有影响。

参 考 文 献

[1] BP 石油公司. BP 世界能源统计年鉴 2015.

[2] BP 石油公司. 世界能源展望 2015.

[3] 李润培, 谢永和, 等. 深海平台技术的研究现状与发展趋势. 中国海洋平台, 2003, 18 (3): 1-5.

[4] 谢彬, 王世圣, 等. 3000m 水深半潜式钻井平台关键技术综述. 高科技与产业化, 2008, 12: 34-36.

[5] 袁中立, 李春. 中外海工水工重大事故分析. 石油科技论坛, 2006 (4): 42-47.

[6] 黄小平, 崔维成. 服役中后期海洋平台的安全寿命评估与维修决策. 中国造船, 2003, 44 (增刊): 25-33.

[7] Copley L G. A longitudinal crack in a cylindrical shell. Ph. D. Thesis presented to the Division of Engineering and Applied Physics, Harvard University, 1965.

[8] Folias E S. A circumferential crack in a pressurized cylindrical shell. International Journal of Fracture Mechanics, 1967, 3 (1): 1-11.

[9] Duncan M E, Sanders J L. A circumferential crack in a cylindrical shell under tension. International Journal of Fracture Mechanics, 1972, 8 (1): 15-20.

[10] Erdogan F, KiBler J J. Cylindrical and spherical shells with cracks. International Journal of Fracture Mechanics, 1969, 5 (3): 229-237.

[11] Erdogan F, Delale F. Ductile fracture of pipes and cylindrical containers with a circumferential flaw. Journal of Pressure Vessel Technology, 1981, 103 (2): 160-168.

[12] Tada H, Paris P C, Irwin G R. The stress analysis of cracks handbook. Hellertown, Pennsylvania: Del Research Corporation, 1985.

[13] 中国航空研究院. 应力强度因子手册. 北京: 科学出版社, 1993.

[14] Kumosa M, Hull D. Finite element analysis of a circumferentially cracked cylindrical shell under uniform tensile loading. Engineering Fracture Mechanics, 1989, 31 (5): 817-826.

[15] Sung W P, Go C G, Shih M H. Finite element modeling for analysis of cracked cylindrical pipes. Journal of Zhejiang University SCIENCE A, 2007, 8 (9): 1373-1379.

[16] Barsoum R S, Loomis R W, Stewart B D. Analysis of through cracks in cylindrical shells by the quarter-point elements. International Journal of Fracture, 1979, 15 (3): 259-280.

[17] Sanders J L. Circumferential through-cracks in cylindrical shells under tension. Journal of Applied Mechanics, 1982, 49 (1): 103-107.

[18] Sanders J L. Circumferential through-crack in a cylindrical shell under combined bending and tension. Journal of Applied Mechanics, 1983, 50 (1): 221.

[19] Alabi J A. Circumferential cracks in cylindrical shells. Harvard University, 1984.

[20] Alabi J A, Sanders J L. Circumferential crack at the fixed end of a pipe. Engineering Fracture Mechanics, 1985, 22 (4): 609-616.

[21] Artem H S A, Gecit M R. An elastic hollow cylinder under axial tension containing a crack and two rigid inclusions of ring shape. Computers and Structures, 2002, 80 (27-30): 2277-2287.

[22] Kaman M O, Gecit M R. Axisymmetric finite cylinder with one end clamped and the other under uniform tension containing a penny-shaped crack. Engineering Fracture Mechanics, 2008, 75 (13): 3909-3923.

[23] Wang X, Lambert S B. On the calculation of stress intensity factors for surface cracks in welded pipe-plate and

tubular joints. International Journal of Fatigue，2003，25（1）：89-96.

[24] Rice I R. A path independent integral and the approximate analysis of strain concentrations by notches and cracks. Journal of Applied Mechanics，1968，35（2）：379-386.

[25] Wells A A. Application of fracture mechanics at and beyond general yielding. British Welding Journal，1963，10：563-570.

[26] Tada H，Paris P C，Gamble R M. A stability analysis of circumferential cracks for reactor piping systems，in Fracture Mechanics，ASTM STP 700. American Society for Testing and Materials，1980：296-313.

[27] Tada H，Paris P C，Zahoor A，et al. The theory of instability of the tearing mode of elastic-plastic crack growth，in Elastic-Plastic Fracture，ASTM STP 668. American Society for Testing and Materials，1979：5-36.

[28] Ranta-Maunus A K，Achenbach J D. Stability of circumferential through-cracks in ductile pipes. Nuclear Engineering and Design，1980，60（3）：339-345.

[29] Zahoor A，Kanninen M F. A plastic fracture mechanics prediction of fracture instability in a circumferential cracked pipe in bending—part Ⅰ：J-integral analysis. Journal of Pressure Vessel Technology，1981，103（4）：352-358.

[30] Zahoor A. A circumferential throughwall crack in a pipe subjected to combined bending and axial loading. International Journal of Pressure Vessels and Piping，1992，51（1）：1-13.

[31] Smith E. The geometry dependence of the JR curve for circumferential growth of through-wall cracks in cylindrical pipes subject to bending loads. Engineering Fracture Mechanics，1983，18（6）：1119-1123.

[32] Smith E. The stability of a long circumferential through-wall crack in a pipesubject to bending deformation. Engineering Fracture Mechanics，1988，31（3）：475-480.

[33] Sanders J L. Dugdale model for circumferential through-cracks in pipes loaded by bending. International Journal of Fracture，1987，34（1）：71-81.

[34] Dugdale D S. Yielding of Steel sheets containing slits. Journal of Mechanics and Physics of Solids，1960，8（2）：100-104.

[35] Sanders J L. Tearing of circumferential cracks in pipes loaded by bending. International Journal of Fracture，1987，35（4）：283-294.

[36] 藤久保昌彦，赵耀，矢尾哲也. 引張および曲げを受ける 亀裂円筒部材のため の理想化構造要素の開発. 日本造船学会论文集，1991，170（12）：513-524.

[37] 周晖. 海洋工程结构设计. 上海：上海交通大学出版社，2013.

[38] 董艳秋. 深海采油平台波浪载荷及响应. 天津：天津大学出版社，2005.

[39] 唐友刚，沈国光，刘利琴. 海洋工程动力学. 天津：天津大学出版社，2012.

[40] 刘应中，缪国平. 船舶在波浪上的运动理论. 上海：上海交通大学出版社，1986.

[41] 刘岳元，冯铁成，刘应中. 水动力学基础. 上海：上海交通大学出版社，1990.

[42] Fukun L. Hydrodynamic behavior of a straight floating pipe under wave conditions. Ocean Engineering. 2006（3）.

[43] 李远林. 波浪理论及波浪载荷. 天津：天津大学出版社，1994.

[44] 中国船级社. 海上移动平台入级与建造规范，2005.

[45] DNV. Column-stabilized Units，2005.

[46] DNV. Fatigue design of offshore steel structures，2005.

[47] ABS. Fatigue assessment of offshore structures，2003.

[48] 俞聿修，格淑学. 随机波浪及其工程应用. 大连：大连理工大学出版社，2011.

[49] 邹志利. 水波理论及其应用. 北京：科学出版社，2005.

[50] Neumann G. On ocean wave spectra and a new method of forecasting wind-generated sea. Beach Erosion Board，U. S. Army Corps of Engineers，1953.

[51] Neumann G. Discussion on C. L. Bretscheider's paper. Ocean Wave Spectral，1963.

[52] Pierson W J，Moskowitz L. A proposed spectral form for fully developed wind seas based on the similarity theory of SA Kitaigorodskii. Journal of Geophysic Research. 1964，69（24），5181-5190.

[53] Hasselmann K，et al. Measurements of wind-wave growth and swell decay during the Joint North Sea Wave Project（JONSWAP）. Journal of Physic Oceanography. 1973，10（8），1264-1280.

[54] 谭家翔. 海上油气浮式生产装置. 北京：石油工业出版社，2014.

[55] 张大刚. 深海浮式结构设计基础. 哈尔滨：哈尔滨工程大学出版社，2012.

[56] 戴仰山，沈进威，等. 船舶波浪载荷. 北京：国防工业出版社，2005.

[57] 嵇春艳. 海洋平台随机动力响应分析方法及智能控制技术. 上海：上海交通大学出版社，2013.

[58] DNV. Interactive Postprocessor for General Response Analysis，2004.

[59] 李润培，王志农. 海洋平台强度分析. 上海：上海交通大学出版社，1992.

[60] 姜哲，谢彬，谢文会. 新型深水半潜式生产平台发展综述. 海洋工程，2011，03：132-138.

[61] 杨金华. 全球深水钻井现状与前景. 石油科技论坛，2014，01：46-50.

[62] Miller N S. Semi-submersible design：the effect of differing geometries on heaving response and stability. The Royal Institution of Naval Architects，1976. 119（3）：97-119.

[63] 马志良，罗德涛. 近海移动式平台. 北京：海洋出版社，1993.

[64] 陈建民，娄敏，王天霖. 海洋石油平台设计. 北京：石油工业出版社，2012.

[65] 中国船级社. 海上拖航指南，2012.

[66] 中国船舶检验局海上拖航法定检验技术规则，1999.

[67] Penny R M K，et al. Preliminary Design of Semi-Submersibles，North East Coast Institute of Engineers & Shipbuilders，1984，101（2）：49-70.

[68] 上海交通大学海洋工程国家重点实验室年报. 内部资料.

[69] 各类海洋平台模型试验研究报告. 内部资料.

[70] 史琪琪. 深水锚泊半潜式钻井平台运动及动力特性研究. 上海交通大学，2011.

[71] 胡志强. 多学科设计优化技术在深水半潜式钻井平台概念设计中的应用研究. 上海交通大学，2008.

[72] Chakrabatti S K. Handbook of Offshore Engineering. Elsevier Press，2005.

[73] 《海洋石油工程设计指南》编委会. 海洋石油工程深水油气田开发技术. 北京：石油工业出版社，2011.

[74] 杨建民，谢彬. 深水半潜式钻井平台关键技术研究. 上海：上海交通大学出版社，2014.

[75] 谢彬. 深水半潜式钻井平台设计与建造技术. 北京：石油工业出版社，2013.

[76] 高玉臣，黄克智. 具有任意闭口截面的中长柱壳的应力状态和解法分类. 力学学报，1965，8（4）：256-273.

[77] 黄克智，陆明万，薛明德. 弹性薄壳理论. 北京：高等教育出版社，1988.

[78] Alabi J A，Sanders J L. Circumferential crack at the fixed end of a pipe. Engineering Fracture Mechanics，1985，22（4）：609-616.

[79] Sanders J L. Dugdale model for circumferential through-cracks in pipes loaded by bending. International Journal of Fracture，1987，34（1）：71-81.

[80] Moan T. Fatigue reliability of marine structures，from the Alexander Kielland accident to life cycle assessment. International Journal of Offshore and Polar Engineering，2007.

[81]　Ersland S，et al. The stress upon rescues involved in an oil rig disaster. "Alexander L. Kielland" 1980，Acta Psychiatric Scandinavia，1989.

[82]　Investigation into the Damage Sustained by the *M. V. Castor* on 30 December 2000. Final Rept，ABS，Houston.

[83]　Simmonds J G. A set of simple，accurate equations for circular cylindrical elastic shells. International Journal of Solids Structures，1966，2（4）：525-541.

[84]　Toygar E M，Gecit M R. Cracked infinite cylinder with two rigid inclusions under axisymmertic tension. International Journal of Solids and Structures，2006，43（16）：4777-4794.

[85]　Nicholson J W，Simmonds J G. Sanders' energy-release rate integral for arbitrarily loaded shallow shells and its asymptotic evaluation for a cracked cylinder. Journal of Applied Mechanics，1983，47（2）：363-369.

[86]　Nicholson J W，Weidman S T，Simmonds J G. Sanders' energy-release rate integral for a circumferentially cracked cylindrical shell. Journal of Applied Mechanics，1983，50（2）：373-378.

[87]　Forman R G，Hickman J C，Shivakumar V. Stress intensity factor for circumferential through cracks in hollow cylinders subjected to combined tension and bending loads. Engineering Fracture Mechanics，1985，21（3）：563-571.

[88]　叶剑平，赵耀，唐齐进，等. 不同约束条件下柱壳周向穿透裂纹前端塑性区域应力分布. 船舶力学，2008，12（5）：748-756.

[89]　余同希，章亮炽. 塑性弯曲理论及其应用. 北京：科学出版社，1992.

[90]　Kaman M O，Gecit M R. Axisymmetric finite cylinder with one end clamped and the other under uniform tension containing a penny-shaped crack. Engineering Fracture Mechanics，2008，75（13）：3909-3923.

[91]　方华灿. 海洋石油钢结构的疲劳寿命模糊概率断裂与损伤力学的应用. 东营：石油大学出版社，1990.

[92]　Sanders J L. Closed form solution to the semi-infinite cylindrical shell problem. Contributions to Theory of Aircraft Structures，The Van der Neut Volume，Delft University Press，Rotterdam，1972，229-237.

[93]　Sanders J L. The cylindrical shell loaded by a concentrated normal force. Mechanics Today，Vol. 5，The Reissner Volume，Pergamon Press，Oxford，1980，427-438.

[94]　Sanders J L. An improved first-approximation theory for thin shells. NASA Report 24，1959.

[95]　Budiansky B，Sanders J L. On the —best‖ first-order linear shell theory. Progress in Applied Mechanics，The Prager Anniversary Volume. Macmillan，1963：129-140.

[96]　Sanders J L. Analysis of circular cylindrical shells. Journal of Applied Mechanics，1983，50（4b）：1165-1170.

[97]　Sanders J L. On stress boundary conditions in shell theory. Journal of Applied Mechanics，1980，47（1）：202-204.

[98]　Rudland D L，Wilkowski G M，Feng Z，et al. Experimental investigation of CTOA in linepipe steels. Engineering Fracture Mechanics，2003，70（3-4）：567-577.

[99]　Dawicke D S，Newman Jr J C，Bigelow C A. Three-dimensional CTOA and constraint effects during stable tearing in a thin-sheet material，in Fracture Mechanics，ASTM STP 1256. American Society for Testing and Materials，1995：223-242.

[100]　Koning A U. A Contribution to the analysis of slow stable crack growth. National Aerospace Laboratory Report NLR MP 75035U，The Netherlands，1975.

[101]　Kanninen M F，Rybicki E F，Stonesifer R B，et al. Elastic-plastic fracture mechanics for two-dimensional stable crack growth and instability problems，in Elastic-Plastic Fracture，ASTM STP 668. American Society for Testing and Materials，1979：121-150.

[102]　Shih C F，de Lorenzi H G，Andrews W R. Studies on crack initiation and stable crack growth，in Elastic-Plastic

Fracture，ASTM STP 668. American Society for Testing and Materials，1979：65-120.

[103] Newman Jr J C. An elastic-plastic finite element analysis of crack initiation，stable crack growth，and instability，in Fracture Mechanics，ASTM STP 833. American Society for Testing and Materials，1984：93-117.

[104] 官忠信，张志林，杨晓华. 论弹塑性状态下裂纹扩展的控制参数. 西北工业大学学报，1990，8（3）：351-360.

[105] Newman Jr J C，James M A，Zerbst U. A review of the CTOA/CTOD fracture criterion. Engineering Fracture Mechanics，2003，70（3-4）：371-385.

[106] Hampton R W，Nelson D. Stable crack growth and instability prediction in thin plates and cylinders. Engineering Fracture Mechanics，2003，70（3-4）：469-491.

[107] Hsu C L，Lo J，Yu J，et al. Residual strength analysis using CTOA criteria for fuselage structures containing multiple site damage. Engineering Fracture Mechanics，2003，70（3-4）：525-545.

[108] 李红克，张彦华. 以临界 CTOA 为参量的含裂纹管道极限压力有限元模拟. 焊接学报，2005，26（1）：53-57.

[109] 苗张木，陶德馨，吴卫国，等. 裂纹尖端张开位移试验在导管架建造中的应用. 武汉理工大学学报（交通科学与工程版），2006，30（2）：318-321.

[110] Zhao Y. Dugdale model for circumferential through-cracks in cylindrical shells under combined tension and bending. Mechanics Research Communications，1998，25（6）：671-678.

[111] Heerens J，Schodel M. On the determination of crack tip opening angle，CTOA，using light microscopy and δ5 measurement technique. Engineering Fracture Mechanics，2003，70（3-4）：417-426.

[112] Artem H S A，Gecit M R. An elastic hollow cylinder under axial tension containing a crack and two rigid inclusions of ring shape. Computers and Structures，2002，80（27-30）：2277-2287.

[113] Lloyd W R，McClintock F A. Microtopography for ductile fracture process characterization Part 2：application for CTOA analysis. Engineering Fracture Mechanics，2003，70（3-4）：403-415.

[114] Ogasawara M. The crack tip opening angle（CTOA）of the plane stress moving crack. Engineering Fracture Mechanics，1983，18（4）：839-849.

[115] 赵耀. 裂纹损伤圆柱壳承载能力的实验研究. 华中理工大学学报，1998，26（5）：54-57.

[116] 叶剑平，赵耀，唐齐进，等. 不同约束条件下柱壳环向穿透裂纹前端塑性区域应力分布. 船舶力学，2008，12（5）：748-756.